微信扫码

研习固体废物知识

守护绿色环境

AI智能小编

AI智能伙伴，
助你掌握环境治理知识。

在线视频课程

系统学习固体废物处理与
处置知识。

配套实验视频

看配套视频，
了解实验操作。

法律法规讲解

快速了解法律法规的
重要内容。

高校环境类新形态系列教材

固体废物处理与污染控制新形态实验教程

王东梅　龚正君　韩智勇　张爱平　编著

中国环境出版集团·北京

图书在版编目（CIP）数据

固体废物处理与污染控制新形态实验教程/王东梅等编著．—北京：中国环境出版集团，2023.12

高校环境类新形态系列教材

ISBN 978-7-5111-5724-9

Ⅰ．①固…　Ⅱ．①王…　Ⅲ．①固体废物处理—高等学校—教材　Ⅳ．①X705

中国国家版本馆 CIP 数据核字（2023）第 246990 号

出 版 人　武德凯
责任编辑　曹　玮
封面设计　宋　瑞

出版发行　中国环境出版集团
（100062　北京市东城区广渠门内大街 16 号）
网　　址：http://www.cesp.com.cn
电子邮箱：bjgl@cesp.com.cn
联系电话：010-67112765（编辑管理部）
　　　　　010-67113412（第二分社）
发行热线：010-67125803，010-67113405（传真）

印　　刷　玖龙（天津）印刷有限公司
经　　销　各地新华书店
版　　次　2023 年 12 月第 1 版
印　　次　2023 年 12 月第 1 次印刷
开　　本　787×1092　1/16
印　　张　13.5
字　　数　280 千字
定　　价　36.00 元

本书数字化资源一览表

序号	实验项目	页码	二维码/链接
1	城市生活垃圾热值的测定	34	
2	固体废物有机质含量的分析	41	
3	固体废物总有机碳（TOC）的测定	57	
4	固体废物重金属含量的测定	61	
5	垃圾渗滤液指标测定与分析	66	
6	城市固体废物破碎及筛分实验	78	

序号	实验项目	页码	二维码/链接
7	有机污染土壤的热脱附实验	105	
8	固体废物（铬渣）的热解无害化实验	110	
9	污泥超强压榨脱水实验	143	
10	固体废物固化预处理及毒性浸出综合实验	148	
11	臭氧法去除垃圾浓缩液中难降解有机物实验	172	
12	芬顿法氧化去除垃圾渗滤液中难降解有机物实验	178	
13	危险废物全生命周期处理与处置虚拟仿真实验	196	https://vlab.swjtu.edu.cn/cms/index_.html?siteId=3（校外人员可通过“评审入口”进入学习平台）
14	生活垃圾填埋场运行管理虚拟仿真实验	201	http://202.115.133.235/index.php/Home/Course/Course_stu/cid/172.html（校外人员可通过“评审专家一键登录”进入学习平台）

前言

固体废物处理与污染控制实验课程是高等学校环境科学与工程类专业本科生的专业核心课程。该实验课程主要内容包括生活垃圾、一般工业固体废物、危险废物等固体废物的特性分析及处理处置。但随着现代信息技术的发展以及环境工程领域技术的更新换代，尤其是随着“双碳”战略和减污降碳协同路径的实施，传统的实验教学改革刻不容缓，亟须更新实验教学内容和形态，满足“新工科”对人才培养的要求，因此，固体废物处理与污染控制新形态教材的出版势在必行。

本书集成了西南交通大学、成都理工大学、四川师范大学、成都大学等相关固体废物处理优势院校最新的实验教学改革成果，共五部分，第一部分主要为固体废物实验基础知识，第二、第三部分主要为经典实验，第四部分主要为综合创新性实验，第五部分主要为虚拟仿真实验。编者力求教材在内容和形式上的新颖性，兼顾不同专业的特点，归纳总结了实验操作基础知识，并结合当前的固体废物污染现状，设计了相应的基础实验以及拓展性综合实验，以便各级环境监测站、研究院科技人员和高等院校师生参考借鉴。特别说明的是，本书实验配套有电子化的实验视频，虚拟仿真实验均为省级及以上一流课程，读者可通过扫码获取。

本书为环境工程国家级一流本科专业、固体废物管理与处理处置课程教学虚拟教研室的建设成果，由西南交通大学王东梅、西南交通大学龚正君、成都理工大学韩智勇、四川师范大学张爱平编著，西南交通大学李启彬、张胜利、刘建、陈炜鸣，成都理工大学钟敏，四川师范大学马玉洁、田婧，成都大学曾丽、任旭等参与了部分编写工作。本书由西南交通大学、成都理工大学教材建设基金资助出版。在编写过程中，参阅了一些高等院校、科研院所的科研成果及已出版的相关教材，在此一并致谢。同时也感谢在教材内容整理、视频拍摄中给予协助的惠彬宇、张泰维、龚文君等学生的付出。编者也希望使用本实验教材的教学科研工作者提出宝贵意见并交流心得体会，做到资源共享、优势互补，共同提高固体废物处理处置及资源化实验课程的教学质量。

由于时间及编者水平有限，书中疏漏之处在所难免，敬请广大读者批评指正。

编　者

2023 年 10 月

目 录

第一部分 固体废物实验基础知识

第二部分 固体废物样品基础理化性质分析实验

第三部分 固体废物的处理处置与资源化实验

第四部分 综合创新性实验

第五部分 虚拟仿真实验

第一部分

固体废物实验基础知识

1.1 固体废物实验室基本要求

1.1.1 安全常识

在开展固体废物处理与污染控制实验过程中，应遵守以下实验室基本要求：

1）禁止穿拖鞋、高跟鞋、背心、短裤（裙）进入实验室；

2）进入实验室开展实验前，应先熟悉所使用化学品的安全性以及仪器设备的性能、操作方法和安全事项；

3）不得将与实验无关的物品带入实验室，禁止在实验室内吃喝、抽烟，不得在实验室内大声喧哗、追逐嬉闹；

4）凡进入实验室的人员，应严格遵守实验室各项规章制度和实验操作规范，服从实验室管理人员或指导教师的指挥和管理；

5）进入实验室后，应首先对实验场所安全（消防器材、安全通道、危险化学品存放设备布置、安全标识、实验废物、个人防护用品、应急药箱等）、仪器设备状态等进行检查，确认正常后方可开展实验，发现问题须及时向教师反映；

6）实验过程中应身着实验服，防止手和身体其他部位直接接触化学药品，特别是危险化学品（如硫酸、盐酸等）；

7）使用电器时，要谨防触电；

8）取用危险化学品、操作特种设备或进行其他有危险性的实验时，应采取相应的安全防护措施，且须至少两人同时在场，不可单独实验；

9）实验过程中制备的样品或配制的试剂，须贴有字迹清晰的标签，注明名称、浓度、配制时间及有效日期等；

10）对于会产生有毒有害气体的实验，须在通风橱或通风良好的实验室内进行；

11）实验过程中如发生化学灼伤、烫伤、中毒等安全事故，必须按照相应方法及时处理；

12）实验过程中遇到突然停水和停电时，要及时关闭水阀、切断电源；

13）实验过程中产生的废液、废渣不得随意倾倒，应按相关要求进行处理；

14）实验结束后，应关闭仪器开关和水、气阀门，切断仪器电源，确保所有物品、物料、废物等已清洗归位或安全处理，保持桌面整洁。

1.1.2 危险化学品使用

危险化学品是指具有毒害、腐蚀、爆炸、燃烧、助燃等性质，对人体、设施、环境具有危害的剧毒化学品和其他化学品。危险化学品可分为易制毒、易制爆和其他一般危险化学品。其中易制毒化学品使用要严格遵守《易制毒化学品管理条例》，易制爆危险化学品要严格遵守《易制爆危险化学品治安管理办法》，其他一般危险化学品的使用和管理应遵守《危险化学品安全管理条例》。易制毒化学品的分类和品种目录见表 1-1，易制爆危险化学品的分类和品种目录见表 1-2。

表 1-1 易制毒化学品的分类和品种目录

分类	品种
第一类	1-苯基-2-丙酮、3,4-亚甲基二氧苯基-2-丙酮、胡椒醛、黄樟素、黄樟油、异黄樟素、*N*-乙酰邻氨基苯酸、邻氨基苯甲酸、麦角酸、麦角胺、麦角新碱、麻黄素、伪麻黄素、消旋麻黄素、去甲麻黄素、甲基麻黄素、麻黄浸膏、麻黄浸膏粉等麻黄素类物质
第二类	苯乙酸、醋酸酐、三氯甲烷、乙醚、哌啶
第三类	甲苯、丙酮、甲基乙基酮、高锰酸钾、硫酸、盐酸

表 1-2 易制爆危险化学品的分类和品种目录

分类	品种
酸类	硝酸、发烟硝酸、高氯酸（含量≥72%）、高氯酸（含量 50%～72%）、高氯酸（含量≤50%）
硝酸盐类	硝酸钠、硝酸钾、硝酸铯、硝酸镁、硝酸钙、硝酸锶、硝酸钡、硝酸镍、硝酸银、硝酸锌、硝酸铅
氯酸盐类	氯酸钠、氯酸钠溶液、氯酸钾、氯酸钾溶液、氯酸铵
高氯酸盐类	高氯酸锂、高氯酸钠、高氯酸钾、高氯酸铵
重铬酸盐类	重铬酸锂、重铬酸钠、重铬酸钾、重铬酸铵
过氧化物和超氧化物类	过氧化氢溶液（含量＞8%）、过氧化锂、过氧化钠、过氧化钾、过氧化镁、过氧化钙、过氧化锶、过氧化钡、过氧化锌、过氧化脲、过乙酸（含量≤16%，含水≥39%，含乙酸≥15%，含过氧化氢≤24%，含有稳定剂）、过乙酸（含量≤43%，含水≥5%，含乙酸≥35%，含过氧化氢≤6%，含有稳定剂）、过氧化二异丙苯（52%＜含量≤100%）、过氧化氢苯甲酰、超氧化钠、超氧化钾
易燃物还原剂类	锂、钠、钾、镁、镁铝粉、铝粉、硅铝、硅铝粉、硫黄、锌尘、锌粉、锌灰、金属锆、金属锆粉、六亚甲基四胺、1,2-乙二胺、一甲胺（无水）、一甲胺溶液、硼氢化锂、硼氢化钠、硼氢化钾
硝基化合物类	硝基甲烷、硝基乙烷、2,4-二硝基甲苯、2,6-二硝基甲苯、1,5-二硝基萘、1,8-二硝基萘、二硝基苯酚（干的或含水＜15%）、二硝基苯酚溶液、2,4-二硝基苯酚（含水≥15%）、2,5-二硝基苯酚（含水≥15%）、2,6-二硝基苯酚（含水≥15%）、2,4-二硝基苯酚钠
其他	硝化纤维素 [干的或含水（或乙醇）＜25%]、硝化纤维素（含氮≤12.6%，含乙醇≥25%）、硝化纤维素（含氮≤12.6%）、硝化纤维素（含水≥25%）、硝化纤维素（含乙醇≥25%）、硝化纤维素（未改型的，或增塑的，含增塑剂＜18%）、硝化纤维素溶液（含氮≤12.6%，含硝化纤维素≤55%）、4,6-二硝基-2-氨基苯酚钠、高锰酸钾、高锰酸钠、硝酸胍、水合肼、2,2-双（羟甲基）、1,3-丙二醇

固体废物处理与污染控制实验（如样品消解、溶液配制等过程）均会涉及危险化学品的使用，开展实验时需注意以下事项：

1）在开展相关实验之前，应通过查询《危险化学品目录》、相关危险化学品管理办法及化学物质毒性数据库平台等，了解所用危险化学品的危害、使用注意事项及应急处置办法；

2）取用强酸时应正确穿戴实验服、手套等防护物品，并在通风橱中进行；

3）尽量做到按需取用，多余的酸及废酸应加碱中和后再进行处置，严禁把强酸等危险化学品带出实验室或直接倒入下水道；

4）发现酸溅到衣服或皮肤上，应立即用大量清水冲洗，然后用稀碳酸钠、碳酸氢钠溶液清洗。

1.1.3 仪器设备使用

在固体废物处理处置与资源化实验过程中涉及的特种设备或高危设备包括：

1）破碎机、高速离心机等高转速设备；

2）高压/液化气体钢瓶、高压灭菌锅等高压设备；

3）烘箱、马弗炉、焚烧炉等高温设备；

4）磁选、涡电流分选机等电磁分选设备。

实验过程中，应注意以下几点：

（1）特种设备持证上岗

特种设备上岗操作人员须按规定接受培训，经考核合格后持证上岗。实验过程中，特种设备应指定专人持证上岗操作，严禁无证上岗。确有必要进行操作的，必须经过培训，且在教师或持证人员指导下使用。

（2）高转速设备

高转速设备（如离心机）在使用过程中应注意以下事项：

1）开机前，应检查其是否处于平衡状态，并确认内部没有杂物；

2）样品应对称放置，确认盖子盖好后方可开始离心操作；

3）禁止在开机运转或未停转的状态下开盖；

4）使用过程中出现噪声或机身振动，应立即关闭设备，报告教师；

5）电源必须有可靠接地，离心机进、出口处不得堵塞；

6）试管（隔架）每周用无腐蚀性清洁液清洗一次，清洗时应先拔下电源插头，取出试管（隔架），清洗干净后装入转头（试管筒或挂篮）；

7）必须拔掉电源插头后再更换熔断器。

离心机操作的具体规程为：

1）打开上盖，检查旋转盘、试管筒及隔架是否安装正确，将目测相等的分离样品对称放入试管内；

2）盖好上盖，插好电源插头；

3）打开电源开关，时间和转速显示窗分别显示“00”，风机转动；

4）选择停机方式；

5）按时间选择键，设定时间；

6）设定转速，将转速旋钮旋至所需的转速刻度；

7）轻按启动键，电动机将均匀地加速到预选转速；

8）离心机根据设定的时间自动停机，如不需要定时停机，则可直接按停止键进行手动停机；

9）操作完毕，关闭电源开关。

（3）高压设备

在高压钢瓶的使用过程中，为避免安全事故的发生，应注意以下事项：

1）高压钢瓶在使用前应进行安全检查，如用肥皂液进行试漏、查看检验合格证等；

2）启、闭高压钢瓶阀门时要慢慢地进行，切不可过急或强行用力拧开；

3）阀门开启时应先检查减压阀是否松开（注意：操作者必须站在气体出口的侧面）；

4）严禁敲打阀门；

5）关气时应先关闭高压钢瓶阀门，放尽减压阀中气体，再松开减压阀螺杆；

6）注意高压钢瓶减压阀门开关的旋转方向，与平常螺丝螺帽松紧的旋转方向相反；

7）高压钢瓶要直立放置，用柜子、架子、套环、铁链等牢牢固定，以免翻倒发生事故；

8）使用过程中要注意安全，防止高压钢瓶受热；

9）高压钢瓶内气体不得完全用尽，应留有一定量的剩余残气，以免充气时和再使用时发生危险；

10）高压钢瓶用后要完全关闭气门阀并旋上瓶帽。

（4）高温设备

马弗炉、烘箱等高温设备在使用过程中，应注意以下事项：

1）使用前应充分熟悉设备使用方法，并按操作规程进行操作；

2）不得超过最高使用温度也不要长时间在额定温度以上工作；

3）马弗炉在使用前应确认其电气性能完好、接地良好、炉膛清洁，并注意观察室内消防灭火器材的位置；

4）禁止在高温设备附近存放易燃物质及其他无关杂物，禁止向炉膛内灌注各种液体；

5）高温设备在使用过程中应注意保持室内通风良好；

6）装取试样时应戴高温手套，防止烫伤；

7）使用过程中应时刻注意观察，发现故障或报警应立即关闭电源，并报告老师。

除了以上设备，在固体废物相关实验分析中还常用到重量分析或酸碱性分析的仪器，基本要求如下：

（1）重量分析基本操作

重量分析是通过称量被测组分的质量来确定被测组分百分含量的分析方法。一般是先将被测组分从试样中分离出来，并转化为一定的称量形式后进行称量，再由称得的物质的质量计算被测成分的含量。重量分析的基本操作包括样品的溶解、沉淀、过滤、洗涤、干燥和灼烧等步骤。溶解、沉淀、过滤、洗涤的实验步骤与要点，详见环境监测的基本要求。

由于干燥和灼烧是在一个预先灼烧至质量恒定的坩埚中进行的，因此，常用干燥器保存坩埚、称量瓶和试样。干燥器是具有磨口盖子的密闭厚壁玻璃器皿，它的磨口边缘一般会涂一薄层凡士林，使其能与盖子密合，如图 1-1 所示。

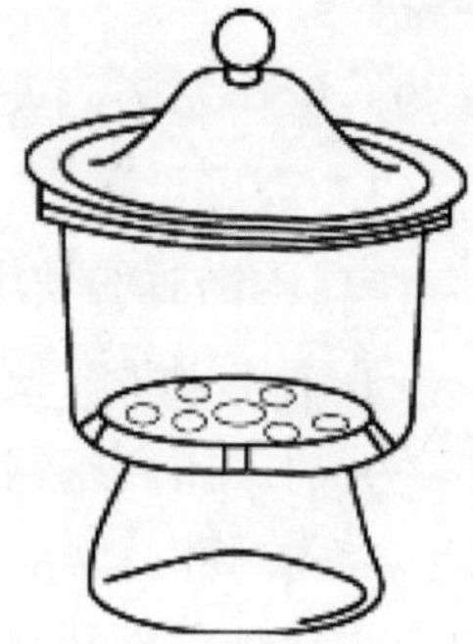

图 1-1　干燥器

干燥器底部盛放干燥剂，最常用的干燥剂是变色硅胶和无水氯化钙，其上搁置洁净的带孔瓷板，坩埚等即可放在瓷板孔内。

使用干燥器时应注意以下事项：

1）搬移干燥器时，要用双手拿着，用大拇指紧紧按住盖子。

2）打开干燥器时，不能往上掀盖，应用左手按住干燥器，右手小心地把盖子稍微推开，等冷空气徐徐进入后，才能完全推开，盖子必须仰放在桌子上。

3）不可将太热的物体放入干燥器中。将较热的物体放入干燥器后，空气受热膨胀会把盖子顶起来，为了防止盖子被打翻，应当用手按住，不时把盖子稍微推开（不到 1 s），以放出热空气。

4）灼烧或烘干后的坩埚和沉淀，在干燥器内不宜放置过久，否则会因吸收一些水分而使质量略有增加。

5）变色硅胶干燥时为蓝色，受潮后会变为粉红色。可以在固定温度下（120℃）烘干受潮的硅胶，待其变蓝后反复使用，直至硅胶破碎不能用。

（2）酸度计及其使用方法

实验中常需测定各溶液的 pH，pH 是一个较为有效和简单的指标，它一般用来表示水或溶液中的酸度，度量其释放质子的能力，即其中所有能与强碱相互作用的物质总量。

对于 pH 的测定，根据电位法原理制成的 pH 电位计（或酸度计）的应用较为普遍，且精度较高，使用时应先用 pH 标准缓冲液对其进行校正，并注意电极的维护与保养。下面以实验中常用的 pHS-2 型酸度计为例，测定 pH。

采用 pHS-2 型酸度计测定 pH 的具体方法如下：

1）pH 测定仪器的组件：pHS-2 型酸度计、pH 玻璃电极、甘汞电极、磁力搅拌器等。

2）标准缓冲溶液的配制：根据使用说明，配制 3 种规格的邻苯二甲酸氢钾标准缓冲溶液（25℃时，pH=4.008；25℃时，pH=6.685；25℃时，pH=9.180），分别移入 500 mL 容量瓶中，稀释至标线，混匀，保存于聚乙烯瓶中。

3）测量方法：用标准缓冲溶液对 pHS-2 型酸度计进行定位，并将 pHS-2 型酸度计上的选择按钮调至 pH 挡。将被测溶液放在磁力搅拌器上，放入搅拌子，将玻璃电极插入被测溶液，启动磁力搅拌器。待数据稳定后，记录指示值。取下被测溶液，清洗玻璃电极。

4）注意事项：①玻璃电极在使用前需预先用蒸馏水浸泡 24 h 以上，注意小心摇动电极，以驱赶玻璃泡中的气泡；②甘汞电极在使用前需要摘掉电动机末端及侧口上的橡胶帽，同玻璃电极一样，电极管中不能留有气泡，并注意添加饱和 KCl 溶液；③pH 测定仪器，尤其是电极插口处，要注意防潮，以免降低仪器的输入阻抗，影响测量的准确性；④测量结束，及时将电极保护套套上，电极保护套内应放少量外参比补充液，以保持电极球泡的湿润，切勿将电极球泡浸泡在蒸馏水中。

1.1.4 实验“三废”处理

（1）固体废物的处理

在开展固体废物处理与污染控制实验过程中会产生一定量的危险废物，如垃圾焚烧飞灰、含重金属污泥等。危险废物不能随意丢弃，应存放在专用容器中，委托有资质的单位进行统一收集和处置。同时，实验过程中也会过量采集或产生部分一般固体废物，如采集的生活垃圾样品、粉煤灰、农业废物等，可依据垃圾分类体系放入指定的垃圾箱内，等待收集处理。此外，实验过程中采集的电子垃圾等有害废物，也应分类后投入相应垃圾箱。

（2）废液的处理

在开展固体废物相关实验过程中产生的废液一般包括无机废液、有机废液和含重金属废液等。实验过程中产生的废酸、废碱，可通过酸碱中和反应调节 pH 至中性的方法简单处理，含重金属废液应统一收集，可委托有资质的单位进行统一处置。有机废液应统一收集，委托有资质的单位进行统一处置。所有需要储存的废液，应贴好标签，标明废物名称、产生时间、主要成分及含量。

（3）废气的处理

固体废物实验过程中会产生部分有害废气，除采样测试消耗部分外，剩余废气应进行适当处理后排放。例如采用冷凝法，利用蒸汽冷却凝结，回收高浓度有机蒸汽和汞、砷、硫、磷等；采用吸收法，利用某些物质易溶于水或其他溶液的性质，使废气中的有害物质进入液体以净化气体；采用吸附法，使废气与多孔性固体（吸附剂）接触，将有害物质吸附在固体表面，以分离污染物；采用催化剂法，利用不同催化剂对各类物质的不同催化活性，使废气中的污染物转化成无害的化合物或比原来存在状态更易除去的物质，以达到净化有害气体的目的。

1.1.5 实验室常见急救方法

实验过程中难免存在一定安全风险，按照“安全第一，预防为主”的原则，除做好以上安全管理工作外，还应熟悉安全事故的应急处理方法，确保在发生安全事故后，能科学有效地应对处理，切实有效降低事故的危害。

在开展固体废物处理与污染控制实验过程中，可能出现的实验安全事故包括外伤（割伤、烫伤、酸/碱灼伤等）、火灾、触电、化学品中毒等。在事故发生时，应分别按下列方法进行处理：

1）割伤。实验室发生的割伤事故，主要是由玻璃器皿的破碎引起的。对于玻璃器皿引起的割伤，首先应取出伤口内的异物，涂上红药水，再用创可贴或绷带包扎。如果伤口较大或流血不止，应及时送医院救治。

2）烫伤。发生烫伤后，应将烫伤部位用清洁的流动冷水冲洗至少 10 min，水流不宜过急。对于伤势较轻的，可在伤口处涂上烫伤膏，然后包扎；如伤势较重，应立即送医院治疗。

3）酸灼伤。酸灼伤后，应立即用大量清水冲洗，然后涂碳酸氢钠油膏，伤势严重时应立即送医院。如被氢氟酸灼伤，应迅速用清水冲洗至少 15 min，然后在受伤的皮肤表面反复充分涂抹葡萄糖酸钙乳膏，直至医院就诊。当酸溅入眼内时，先用清水冲洗，然后用 3%的碳酸氢钠溶液冲洗，最后再用清水洗眼。

4）碱灼伤。受强碱灼伤，先用大量清水冲洗，然后用 1%柠檬酸或硼酸溶液冲洗。当碱溅入眼内时，应立即用大量清水冲洗，再用 3%硼酸溶液冲洗眼睛，最后用蒸馏水冲洗。

5）毒物入口。给中毒者服肥皂水、芥末等催吐剂，或内服鸡蛋白、牛奶以缓和刺激，随后用手伸入喉部以引起呕吐。磷中毒时，必须将 1%硫酸铜溶液加入一杯温开水内服，引起呕吐，然后入院治疗。

6）吸入毒气。中毒很轻时，通常只要把中毒者转移到空气新鲜的地方，解松衣服（但要注意保温），使其安静休息，必要时给中毒者吸入氧气，但切勿随便使用人工呼吸。若吸入溴蒸气、氯气、氯化氢等，可吸入少量乙醇和乙醚的混合蒸汽解毒。吸入溴蒸气，也可用嗅氨水的方法减缓症状。吸入少量硫化氢者，立即送到空气新鲜的地方；中毒较重的，应立即送医院治疗。

7）触电。首先切断电源，或用绝缘物挑开电线。如果触电者在高处，则应先采取保护措施，以防触电者摔伤。然后将触电者转移到空气新鲜的地方休息，在必要时，进行人工呼吸，并送医院治疗。

8）火灾。实验室火灾的处理方法应视起火原因而定。若是一般性起火，小火时用湿布、石棉布覆盖灭火，大火时可用灭火器扑灭。若是加热时起火，立即停止加热，关闭燃气，切断电源，把所有易燃易爆物移至远处。若是电器设备着火，先切断电源，再用四氯化碳灭火器灭火，也可用干粉灭火器。若是服饰着火切勿慌张跑动，因为空气的迅速流动会加强燃烧，应先将着火的衣物脱下，如脱不下，可在地面上来回滚动。在进行以上处理的同时拨打急救电话（119 和 120），清楚描述事发地点、事件原因、人员受伤或中毒情况以及可能会引起的后果等。

1.2 固体废物实验室一般知识

1.2.1 实验室用水

仪器分析实验中需要使用不同规格的纯水。根据《分析实验室用水规格和试验方法》（GB/T 6682—2008）的规定，分析实验室使用的纯水规格有一级水、二级水和三级水，见表 1-3。其中一级水用于有严格要求的分析实验，包括对颗粒有要求的实验，如高效液相色谱分析用水；二级水用于无机痕量分析等实验，如原子吸收光谱分析用水；三级水用于一般化学分析实验。

表 1-3 实验室用水的水质规格

名称	一级	二级	三级
pH 范围（25℃）	—	—	5.0～7.5
电导率（25℃）/（mS/m）	≤0.01	≤0.10	≤0.50
可氧化物质含量（以 O 计）/（mg/L）	—	≤0.08	≤0.4
吸光度（254 nm，1 cm 光程）	≤0.001	≤0.10	—
蒸发残渣含量［（105±2）℃］/（mg/L）	—	≤1.0	≤2.0
可溶性硅含量（以 SiO_2 计）/（mg/L）	≤0.01	≤0.02	—

注：由于在一级水、二级水的纯度下，难以测定其真实 pH，因此对一级、二级水的 pH 范围不做规定；由于在一级水的纯度下，难以测定可氧化物质含量和蒸发残渣，对其限量不做规定。可用其他条件和制备方法来保证一级水的质量。

目前，实验室的纯水主要是去离子水和纯水仪制备的纯水。去离子水的制备是将自来水作为原水，依次通过阳离子树脂交换柱、阴离子树脂交换柱、阴阳离子树脂交换柱，这样得到的水纯度比蒸馏水的高，质量可达到二级或一级水指标，但对有机物和非离子型杂质去除效果较差，因此可将去离子水重蒸馏以得到高纯水。纯水仪制备的纯水有一级、二级和三级等，可以根据实验内容和要求进行选取。

1.2.2 实验室化学试剂

试剂的纯度对分析结果准确度的影响很大，不同的分析工作对试剂纯度的要求也不相同，因此必须了解试剂的分类标准，以便正确选用试剂，见表 1-4。

表 1-4 实验试剂等级分类目录

试剂等级	等级名称	英文代号	标签颜色	适用范围
一级	优级纯	GR	绿色	适用于精确分析和研究工作，有的可作为基准物质
二级	分析纯	AR	红色	适用于工业分析及化学实验
三级	化学纯	CP	蓝色	用于要求较低的化学实验和合成制备
四级	实验纯	LR	棕黄色	只适用于一般化学实验和合成制备

优级纯（guaranteed reagent，GR，绿色标签）属于一级品，主成分含量很高、纯度很高，适用于精确分析和研究工作，有的可作为基准物质。

分析纯（analytical reagent，AR，红色标签）属于二级品，主成分含量很高、纯度较高，干扰杂质很少，适用于工业分析及化学实验。

化学纯（chemically pure，CP，蓝色标签）属于三级品，主成分含量高、纯度较高，存在干扰杂质，适用于要求较低的化学实验和合成制备。

实验纯（laboratory reagent，LR，棕黄色或其他颜色标签）属于四级品，主成分含量高、纯度较差，杂质含量不做选择，只适用于一般化学实验和合成制备。

此外，还有某些具有专门用途的试剂，如光谱纯（spectrum pure，SP）、色谱纯等。此类试剂注重的是在特定方法分析过程中可能影响分析结果、对成分分析或含量分析产生干扰的杂质的含量，但对主成分含量不做很高要求。其中，光谱纯试剂是以光谱分析时出现的干扰谱线强度大小来衡量的，杂质含量低于光谱分析法的检出限，所以主要用作光谱分析中的标准物质。色谱纯试剂是在进行色谱分析时使用的标准试剂，包括气相色谱（GC）分析专用标准试剂和液相色谱（LC）分析专用标准试剂，在色谱条件下只出现指定化合物的峰，不出现杂质峰。

1.2.3　实验室用气

仪器分析实验室常用的高压气体，如氮气、氯气、氧气、乙炔、氢气等，无论是否易燃易爆，均要注意使用安全，掌握相关常识和操作规程。

1）气体钢瓶的识别见表 1-5（颜色相同的要看气体名称）。

表 1-5　气体钢瓶及对应颜色

气瓶名称	氧气瓶	氢气瓶	氮气瓶	纯氩气瓶
气瓶颜色	淡（酞）蓝色	淡绿色	黑色	银灰色
气瓶名称	氦气瓶	压缩空气瓶	氨气瓶	二氧化碳气瓶
气瓶颜色	银灰色	黑色	淡黄色	铝白色

2）高压钢瓶应专瓶专用，不能随意改装。

3）高压钢瓶要直立固定，远离热源，避免暴晒和强烈震动，存放在阴凉、干燥处。

4）搬运高压钢瓶时，高压钢瓶上的安全帽一定要旋上，以便保护气门，勿使其偶然转动。搬运时要轻、要稳，放置要牢靠。减压阀和钢瓶配套专用，安装时要将减压阀固定并检漏，开关时注意规范操作，缓慢转动阀门，防止螺纹受损。

5）氢气等可燃气体的减压阀是专用的，减压阀与钢瓶的接口设计成反丝扣，防止与其他减压阀串用，降低发生危险的概率。

6）保持高压钢瓶的干净整洁，不可将油污或有机溶剂等易燃物沾污钢瓶外壁或阀门处，不可用棉麻物品对阀门进行堵漏，防止燃烧事故。

7）开启阀门时应站在气压表的一侧，不准将头或身体对准气瓶总阀，以防阀门或气表冲出伤人。

8）高压钢瓶内气体不可全部用完，以防空气或其他气体倒灌，使原有的气体不纯，以免下次再充装气体时发生事故。

1.3　固体废物的采样与制样

1.3.1　固体废物采样方法

在固体废物的分析中，采集固体废物样品是一个十分重要的环节。所采集样本的质量直接关系到分析结果的可靠性。特别是，现在实验室对某些有毒有害物质的分析方法已能达到纳克级水平，采样可能是造成分析结果差异的主要原因，在某种情况下它甚至起着决定性作用。有时，为满足实验或分析的要求，对采集的样品还必须进行一定的处理，即固体废物的制样。

（1）采样工具

采集生活垃圾样品的工具主要有锹、耙、锯、锤子、剪刀等；采集固态工业废物样品的工具主要有锹、锤子、采样探子、采样钻、气动和真空探针、取样铲等；采集液态工业废物样品的工具主要有采样勺、采样管、采样瓶（罐）、泵、搅拌器等。

（2）份样数的确定

根据统计学原理，份样数的多少由两个因素决定：一是样品中组分的含量和固体废物总体中组分的平均含量间所允许的误差，即采样准确度的要求问题；二是固体废物总体的不均匀性，总体越不均匀，份样数越多。

当已知份样间的标准偏差和允许误差时，可按式（1-1）计算份样数：

$$n \geqslant (t s/\Delta)^{1/2} \tag{1-1}$$

式中：n——必要的份样数；

s——份样间的标准偏差；

Δ——采样允许误差；

t——选定置信水平下的概率数。

取 $n \to \infty$ 时的 t 值作为最初值，以此算出 n 的初值。将对应于 n 初值的 t 值代入，不断迭代，直至算得的 n 值不变，此 n 值即必要的份样数。

当份样间的标准偏差和允许误差未知时，可按表 1-6～表 1-8 的经验数值确定份样数。

表 1-6　固体废物采集最小份样数

固体废物质量（以 q 表示）/t	最少份样数/个	固体废物质量（以 q 表示）/t	最少份样数/个
$q \leqslant 5$	5	$90 < q \leqslant 150$	30
$5 < q \leqslant 25$	10	$150 < q \leqslant 500$	40
$25 < q \leqslant 50$	15	$500 < q \leqslant 1\,000$	50
$50 < q \leqslant 90$	20	$q > 1\,000$	60

注：摘自《危险废物鉴别技术规范》（HJ 298—2019）。

表 1-7　生活垃圾六节点数与最少份样数　　单位：个

容器数量	最少份样数	容器数量	最少份样数
1～3	1～3	65～125	30
4～64	4～5	125～343	40
当超过 343 时，每增加 300 个容器或设施，增加 1 份采样数			

注：摘自《生活垃圾采样和分析方法》（CJ/T 313—2009）。

表 1-8 人口数量与生活垃圾分析用最少份样数

人口数量/万人	<50	50～100	100～200	>200
最少份样数/个	8	16	20	30

注：摘自《生活垃圾采样和分析方法》（CJ/T 313—2009）。

（3）份样量的确定

采样误差与样品的颗粒分布、样品中各组分的构成比例及组分含量有关。因此，当废物组分单一、颗粒分布均匀、污染物成分变化不大时，份样量的大小对采样误差影响不大；反之，则份样量的大小将明显影响采样的精密度。随着份样量的增加，采样误差也随之降低。

与份样数相同，份样量的增加也不是无限度的，否则将给下一步的制样造成负担。份样量的大小主要取决于废物颗粒的粒径上限，废物颗粒越大，均匀性越差，要求份样也应越大。在采样计划的设计过程中，可根据如下切乔特公式计算求得最小份样量：

$$Q=Kd^{\alpha} \tag{1-2}$$

式中：Q——应采集的最小份样量，kg；

d——废物最大颗粒直径，mm；

K——缩分系数，废物越不均匀，K 值越大，一般取 K=0.06；

α——经验常数，根据废物均匀程度和易破碎程度确定，一般取 α=1。

对于液态废物的份样量，以不小于 100 mL 的采样瓶（或采样器）所盛量为准。

除计算法外，实际工作时也可参考表 1-9 和表 1-10 选取最小份样量。

表 1-9 根据固体废物最大颗粒直径选取最小份样量

最大颗粒直径（以 d 表示）/cm	最小份样量/g
d≤0.50	15
0.50<d≤1.0	10
d>1.0	5

注：摘自《危险废物鉴别技术规范》（HJ 298—2019）。

表 1-10 根据生活垃圾最大颗粒直径选取最小份样量

生活垃圾最大颗粒/mm	最小采样量/kg		主要适用范围
	分类生活垃圾	混合生活垃圾	
120	50	200	产生源生活垃圾、生活垃圾筛上物
30	10	30	生活垃圾筛下物、餐厨垃圾等
10	1	1.5	堆肥产品、焚烧灰渣等
3	0.15	0.15	
最大粒径指筛余量为 10%时的筛孔尺寸			

注：摘自《生活垃圾采样和分析方法》（CJ/T 313—2009）。

(4) 采样方法

1) 简单随机采样法。这是一种最常用、最基本的采样方法。基本原理是总体中的所有个体成为样品的概率（机会）都是均等的和独立的。当对固体废物中污染物含量分布状况一无所知，或废物的特性不存在明显非随机不均匀性时，或对实验分析结果影响不大时，简单随机采样法是最为有效的方法。例如从沉淀池、贮池和大量件装容器的固体废物中抽取有限单元采集废物样品等。

首先根据拟采集固体废物的批量大小，参照表 1-6～表 1-10 确定最少份样数和最小份样量。已堆存的废物量即批量大小；连续产生的废物用取样时段内的累计产生量代表批量大小。然后对取样时段（连续产生的废物）或取样部位（分批产生或已堆存的废物）编号。采样程序有两种：①抽签法，即用自然数列对取样时段或部位编号，每个编号记入一张纸片；②随机数字表法，即用自然数列对取样时段或部位编号，编号顺序计入行列表格。抽签法可直接从混匀的编号纸片中随机抽取足够份样数的纸片；随机数字表法可从任意的行列开始，间隔一定的格数抽取编号，循环数遍，直至抽够需要的份样数，抽取时若遇到已经抽过的数据格，可选择跳过或重新开始。这些抽中的号码代表采样时段或部位。

2) 系统随机采样法。这种方法是利用随机数表或其他目标技术从总体中随机抽取某一个体作为第一个采样单元，然后从第一个采样单元起按一定的顺序和间隔确定其他采样单元采集样品。对连续产生或排放的废物、较大数量件装容器存放的废物等常采用此法，有时也用于散状堆积的废物或渣山采样。与简单随机采样法相比，这种方法具有简便、迅速、经济的优点，但当固体废物中某种待测组分有未被识别的趋势或周期性变化时，将影响采样的准确度和精密度。

系统随机采样法的采样间隔，可根据份样数和实际批量按式（1-3）计算：

$$T \leqslant \frac{Q}{n} \text{ 或 } T' \leqslant \frac{t}{n} \text{ 或 } T'' \leqslant \frac{N}{n} \tag{1-3}$$

式中：T——采样单元的质量或体积间隔，kg 或 L；

Q——废物产生质量或体积，kg 或 L；

n——按份样数计算公式计算出的份样数或表 1-6～表 1-8 规定的份样数；

T'——采样单元的时间间隔，d；

t——设定的采样时间段；

T''——采样单元的件数间隔；

N——盛装废物容器的件数。

采第一个份样时，不可在第一间隔的起点开始，可在第一间隔内随机确定。在运送带上或落口处采份样，须截取废物流的全截面。所采份样的粒度比例应符合采样间隔或采样部位的粒度比例，所得份样的粒度比例应与整批废物流的粒度分布大致相符。

3）分层随机采样法。这种方法是将总体划分为若干个组成单元或将采样过程分为若干个阶段（均称为层），然后从每一层中随机采集样品。与简单随机采样法相比，该法的优点是当已知各层间物理化学特性存在差异且层内的均匀性比总体要好时，通过分层采样，可降低层内的变异，使得在份样数和份样量相同的条件下，误差小于简单随机采样法，这种方法常用于批量产生的废物和当废物具有非随机不均匀性并可明显加以区分时。

最少份样数在各层中的分配，可按式（1-4）计算获得：

$$n_i = \frac{nQ_i}{Q} \tag{1-4}$$

式中：n_i——第 i 层的份样数；

n——按份样数计算公式计算出的份样数或表 1-6～表 1-8 规定的份样数；

Q_i——第 i 层的废物质量，kg；

Q——废物总体质量，kg。

层可以是体积、质量，也可以是容器个数或产生批次等。分层随机采样法也常用于生活垃圾的分类采样，如不同炊事燃料结构生活垃圾的组成、灰分、热值、渗滤液性质分析等。

4）多段式采样法。所谓多段式采样法，就是将采样的过程分为两个或多个阶段来进行，先抽取大的采样单位，再从大的采样单位中抽取采样单元，而不是像前 3 种采样方法那样直接从总体中抽取采样单元。需要注意的是，多段式采样法与分层随机采样法是不一样的。分层随机采样法中“层”的概念，一般是按照一定属性和特征将总体划分为若干性质较为接近的类型、组、群等，再从其中抽取采样单元，因此，分层的意义在于缩小各采样单元之间的差异程度。而由于总体范围太大，难以直接抽取采样单元，多段式采样法借助中间阶段作为过渡，即除最后一个阶段是抽取采样单元外，其余阶段都是为了得到采样单元而抽取的中间单位。

多段式采样法常用于对区域生活垃圾产生量、垃圾分类和垃圾组分分析时的采样。每一阶段抽取中间单位的个数，根据采样目的来确定。也可以用式（1-5）计算：

$$n_1 \geqslant 3\sqrt[3]{N_0} \tag{1-5}$$

式中：n_1——第二阶段抽取的中间单位个数；

N_0——总体的个数。

5）权威采样法。这是一种依赖采样者对检测对象的认识（如特性结构、抽样结构）、判断以及积累的工作经验来确定采样位置的方法。该方法所采集的样品为非随机样品。尽管该方法有时也能采集到有效的样品，但对于大多数废物的化学性质鉴别来说，建议不采用这种方法。

综上所述，如果对废物的化学污染物性质和分布一无所知，则简单随机采样法是最适用的采样方法，随着对废物性质资料的积累，则可更多地考虑选用（按所需资料多少的顺序）分层随机采样法、系统随机采样法或权威采样法。各种采样方法既可以单独使用，在一定情况下也可以结合起来使用，如多段式采样法与权威采样法的结合使用等。

（5）采样点和采样操作方法

1）生活垃圾采样。如果在市内设立垃圾采样点，应首先考虑垃圾的产生范围，如果在垃圾堆放场采样，则应注意所采样品的真实性和代表性。

进行垃圾采样作业时，分为以下几类情况：

①大于 3 m^3 的垃圾池（坑、箱）。采用立体对角线布点采样法在等距离（不少于 3 个）处采集垃圾样品，然后制备成混合样，共 100～200 kg。

②小于 3 m^3 的垃圾箱（桶）。采用垂直分层采样法，层的数量和高度依照盛装垃圾量的多少确定，然后将各层份样按照表 1-11 中对应的各层份样的体积比进行混合制得混合样，每个混合样质量不少于 20 kg。

表 1-11　小于 3 m^3 的垃圾箱（桶）的采样位置

按容器直径计算所装垃圾的高度占比/%	按容器直径计算采取垃圾样品的间隔高度占比/%			按混合样品的总体积计算各层份样的体积占比/%		
	上层	中层	下层	上层	中层	下层
100	80	50	20	30	40	30
90	75	50	20	30	40	30
80	70	50	20	20	50	30
70	—	50	20	—	50	40
60	—	50	20	—	50	50
50	—	40	20	—	40	60
40	—	—	20	—	—	100
30	—	—	15	—	—	100
20	—	—	10	—	—	100
10	—	—	5	—	—	100

③垃圾车。采集当天收运到垃圾堆放场（焚烧厂、填埋场）的垃圾车内的垃圾，在间隔的每辆车内或在其卸下的垃圾堆中采用立体对角线布点采样法在 3 个等距离点采集份样，每份样不少于 20 kg，然后等量混合制备成混合样，混合样为 100～200 kg，每次采样不少于 5 车。

④垃圾流在垃圾焚烧厂、堆肥厂的垃圾输送过程中，利用系统随机采样法等时间间

隔采集垃圾样品，采样工具的宽度应与输送带宽度相同，并能够接到垃圾流整个横截面的垃圾，每一次间隔内采集的份样不少于 20 kg，混合样为 100～200 kg。

2）工业固体废物采样

①件装容器采样。

a. 袋装块状、粒状废物。将盛装废物的袋子倾斜 45°并打开袋口，用长铲式采样器从袋中心处插入至袋底后抽出，所采集的废物样品作为 1 个样品。

b. 袋装污泥状废物。打开袋口，将探针从袋的中心处垂直插入至袋底，旋转 90°后抽出，用木片将探针槽内的泥状物刮入预先准备好的样品容器内，然后再在第一个采样位置半径 10～15 cm 处按照相同的方法采集样品，直至采集到所需样品量。

c. 袋装干粉状废物。将盛装废物的袋子倾斜 30°，打开袋口，将套筒式采样器开口向下从袋中心处插入至袋底，旋转并轻轻晃动几下后抽出，将套筒式采样器内的样品倒在预先铺好的塑料布上，然后转移到样品容器中。

d. 桶（箱）装废物。打开桶（箱）盖子，根据废物颗粒直径大小选择采样器，按表 1-11 所示采样位置进行采集样品，并制得混合样。

②输送带（或连续产生、排放时）采样。

a. 停机采样。在所选取的采样时间段内按照简单随机采样法抽取采样时间或按照系统随机采样法等时间间隔停止输送带传送废物，在输送带的某一指定位置处采集样品。采样时，用挡板挡住输送带的一边以防止采样时废物从带上滚落，在输送带的另一边用采样铲或锹紧贴皮带并横穿皮带宽度至挡板，采集输送带横截面上的所有废物颗粒作为样品。

b. 不停机采样。在所选取的采样时间段内按照简单随机采样法抽取采样时间或按照系统随机采样法等时间间隔从出料口采样。采样时，用勺式采样器从料口的一端匀速拉向另一端接取完整废物流，每接取一次作为 1 个样品。

③贮罐（仓）采样。对贮罐（仓）废物的采样，应尽可能在装卸废物过程中按②或①中的“d. 桶（箱）装废物”采样方法进行操作。当只能在卸料口采样时，应预先将卸料口灰尘等杂物清除干净，并根据卸料口的直径和长度放空适当量废物后再采集样品。采样时，用布袋或桶接住料口，按设定的样品数逐次放出废物，每次放料时间相等，然后将袋或桶中废物混匀，按“①件装容器采样”方法采集样品。每接取一次废物，作为 1 个采样单元，也作为 1 个样品。

④池（坑、塘）采样。将池（坑、塘）划分为设定样品数的 5 倍数若干面积相等的网格，顺序编号后用随机数表抽取与样品数相等的网格作为采样单元采集样品。采样时，在网格的中心位置处用土壤采样器或长铲式采样器垂直插入至废物的指定深度并旋转 90°后抽出，作为 1 个样品。当池（坑、塘）内废物较厚时，应分上、中、下层采集样品，

等量（体积或质量）混合后作为1个样品。

当废物从池（坑、塘）一端进入时，也可采用分层随机采样法采集样品。采样时，将池（坑、塘）按长度或面积单位分为上、中、下3个区，根据各区大小分配设定的样品数采样。

⑤车内采样。可按照桶（箱）装废物采样方法进行采样。一车废物既可以作为1个采样单元采集样品，也可以在车内采集多个样品。

⑥脱水机上采样。

a. 带式压滤机采样。可按照“②输送带（或连续产生、排放时）采样”方法进行采样。

b. 离心机采样。可按照下面“⑦散状堆积废物采样”方法进行采样。

c. 板框压滤机采样。将压滤机各板框顺序编号，用抽签的方法抽取不少于30%的板数作为采样单元，在完成压滤脱水后取下，用小铲将废物刮下，每个板框采集的废物等量（体积或质量）混合后作为1个样品。

⑦散状堆积废物采样。

a. 堆积高度小于0.5 m独立散状堆积废物。将废物堆摊平成10 cm左右厚度的矩形后，等面积划分出设定样品数5倍数的网格，顺序编号，用随机数表抽取设定样品数的网格作为采样单元，在网格中心位置处用采样铲或锹垂直采集全层厚度的废物，1个网格采集的废物作为1个样品。

b. 数个连在一起的散状堆积废物。首先，选择最新堆积的废物堆，用系统随机采样法采样。其次，当无法判断堆积时间时，用抽签方法抽取若干废物堆，对各堆用系统随机采样法采样，每堆各点采集的份样等量（体积或质量）混合后组成1个样品。当堆积高度在0.5～1.5 m时，在废物堆距地面的1/3和2/3高度处垂直于中轴各设一个横截面，以下截面份样数之比为3∶5的比例分配份样数，每堆采集的份样数不少于8个；当堆积高度在1.5 m以上时，在废物堆距地面1/3、1/2和2/3高度处垂直于中轴各设一个横截面，以上下截面份样数之比为3∶5∶7的比例分配份样数，每堆采集的份样数不少于15个。采样时，量出各横截面的周长，以单位长度作为一个采样单元，随机抽取第一个采样单元后等长度间隔确定其他采样单元，用适宜的采样器垂直于中轴插入，采集距表面10 cm深度的废物作为样品。

⑧渣山采样。

a. 在堆积过程中采样。当废物用输送带连续输送时，按“②输送带（或连续产生、排放时）采样”方法进行采样；当废物用运输车辆装卸时，按“⑤车内采样”方法进行采样；无法在车内采样时，可按“⑦散状堆积废物采样”方法采集样品。

b. 在填埋作业面边缘采样。首先，用皮尺丈量填埋作业面的边缘长度，按设定样品数 5 倍数进行等分后顺序编号，并确定采样的长度间隔。其次，在第一个等分长度内，用抽签的方法确定具体采样位置采集第一个样品，然后等长度间隔采集其他样品。采样时，在随机确定的采样位置处用土壤采样器或铁锹垂直插入至废物中采集样品。

1.3.2 固体废物制样方法

固体废物制样的目的是从所采份样中获得具有代表性和能满足实验分析的样品。固态废物的制样一般包括粉碎、筛分、混合和缩分 4 个步骤。

（1）制样工具

包括颚式破碎机、圆盘破碎机、玛瑙研磨机、药碾、玛瑙研钵或玻璃研钵、标准套筛、十字分样板、分样铲、挡板、分样器、干燥箱及盛样容器。

（2）制样方法

1）生活垃圾样品制备

①分拣。将采集的生活垃圾样品摊铺在水泥地面上，按表 1-12 的分类方法手工分拣垃圾样品，并记录各类成分的比例或质量。

表 1-12 生活垃圾物理组成分类一览表

序号	类别	说明
1	厨余类	各种动植物类食品（包括各类水果）的残余物
2	纸类	各种废弃的纸张及纸制品
3	橡塑类	各种废弃的塑料、橡胶、皮革制品
4	纺织类	各种废弃的布类（包括化纤布）、棉花等纺织品
5	木竹类	各种废弃的木竹制品及花木
6	灰土类	炉灰、灰砂、尘土等
7	砖瓦陶瓷类	各种废弃的砖、瓦、瓷、石块、水泥块等块状制品
8	玻璃类	各种废弃的玻璃、玻璃制品
9	金属类	各种废弃的金属、金属制品（不包括各类纽扣电池）
10	其他	各种废弃的电池、油漆、杀虫剂等
11	混合类	粒径小于 10 mm 的、按上述分类比较困难的混合物

注：摘自《生活垃圾采样和分析方法》（CJ/T 313—2009）。

②粉碎。分别对各类废物进行粉碎。对灰土、砖瓦、陶瓷类废物，先用手锤将大块敲碎，然后用粉碎机或其他粉碎工具进行粉碎；对动植物、纸类、纺织物、塑料等废物，用剪刀剪碎。粉碎后样品的大小，根据分析测定项目确定。

③混合缩分。根据分拣得到的各类垃圾成分比例或质量，将粉碎后的样品混合缩分。混合缩分采用圆锥四分法，即将样品置于洁净、平整、不吸水的板面（玻璃板、聚乙烯

板、木板等）上，堆成圆锥形，每铲由圆锥顶尖落下，使颗粒均匀沿锥尖散落，不要使圆锥中心错位，反复转堆至少 3 次，达到充分混合。将圆锥顶尖压平，用十字分样板自上压下，分成 4 等份，然后任取两个对角的等份，重复上述操作至所需分析试样的质量。

2）工业固体废物样品制备

①干燥。使样品能够较容易制备。将采集的样品均匀平铺在洁净、干燥的搪瓷盘中，置于清洁、阴凉、干燥、通风的房间内自然干燥。当房间内晾晒有多个样品时，可用大张干净滤纸盖在搪瓷盘表面遮挡灰尘，以避免样品受外界环境污染和交叉污染。对颗粒较细的样品（如污泥），在干燥过程中应经常用玛瑙锤或本棒等物翻搅和敲打，以防止干燥后结块。

当样品中的待测组分不具备挥发或半挥发性质时，也可以采用控温箱低温干燥的方式使干燥温度保持在（105±2）℃。

②粉碎。经破碎和研磨以减小样品的粒度。粉碎可用机械或手工完成。将干燥后的样品根据其硬度和粒径的大小，采用适宜的破碎机、粉碎机、研磨机和乳钵等分段粉碎至所要求的粒度。样品粉粹可一次完成，也可以分段完成，应将粉碎机械或工具清扫擦拭干净。

③筛分。使样品保证 95%以上处于某一粒度范围。根据样品的最大颗粒直径选择相应的筛号分阶段筛出全部粉碎后的样品。在筛分过程中，样上部分应全部返回粉碎工序重新粉碎，不得随意丢弃。

④混合。使样品达到均匀。可以利用转堆方法对样品进行手工混合。当样品数量较大时，应采用双锥混合器或“V”形混合器进行机械混合，以保证样品均匀。对粒径大于 25 mm 的样品，未经粉碎不能混合。

⑤缩分。将样品缩分成两份或多份，以减少样品的质量。常有的缩分方法有以下 3 种。

a. 圆锥四分法。同“1）生活垃圾样品制备”中所述。

b. 份样缩分法。当样品数量较大时，应采用份样缩分法，此时，要求样品的粒径小于 10 mm。样品混合后，将其平摊成厚度均匀的矩形平堆，并划分出若干面积相等的网格，然后用分样铲在每个网格中等量取出一份，收集并混合后经再次粉碎、混合，按上述方法重复操作至所要求的最小缩分留量。

c. 二分器缩分法。将样品通过二分器 3 次混合后，置于给料斗中，轻轻晃动给料斗，使样品沿二分器全部格槽均匀散落，然后随机选取一个或数个格槽作保留样品。

1.3.3 液态废物制样方法

液态废物的制样一般包括混匀和缩分两个步骤。混匀可采用不同的液体混合方式完成，如小容器可手动摇晃均匀，中等容器可用手工搅拌器等工具混匀，大容器可用机械搅拌器或循环泵等工具混匀。缩分一般采用二分法，每次减量一半，直至剩余样品量达到后续分析测试所需样品量的 10 倍为止。

1.3.4 半固态废物制样方法

半固态废物的制样可根据固态、液态废物的制样方法进行。对黏稠、不能缩分的污泥，先进行预干燥，再按照固态样品的方式制样；对含有悬浮固体的样品，先充分搅拌混合均匀，再按液态样品的方式制样；对含油等难以混匀的液体，可用分液漏斗等进行多相分离，各相子样分别测定体积，分别制样分析。样品的总体分析结果根据各子样结果加权得到。

1.4 固体废物样品保存

1.4.1 一般样品的保存

实验一般样品存放温度不高于 25℃，相对湿度不高于 70%，应避免日光、潮湿、高温和酸碱气体等的影响。保持干燥、通风、无阳光直射、无污染；按样品名称、编号和粒径分类保存；要定期清理样品，防止霉变、鼠害及标签脱落。

1.4.2 特殊样品的保存

对于易分解或易挥发等不稳定组分的样品要采取低温保存的运输方式，并尽快送到实验室分析测试。测试项目需要新鲜样品的土样时，采集后用可密封的聚乙烯或玻璃容器在 4℃以下避光保存，样品要充满容器。具体保存条件见表 1-13。避免用含有待测组分或对测试有干扰的材料制成的容器盛装保存样品，测定有机污染物用的土壤样品要选用玻璃容器保存。

表 1-13 新鲜样品的保存条件和保存时间

测试项目	容器材质	温度/℃	可保存时间/d	备注
金属（汞和六价铬除外）	聚乙烯、玻璃	<4	180	
汞	玻璃	<4	28	
砷	聚乙烯、玻璃	<4	180	
六价铬	聚乙烯、玻璃	<4	1	
氰化物	聚乙烯、玻璃	<4	2	
挥发性有机物	玻璃（棕色）	<4	7	采样瓶装满装实并密封
半挥发性有机物	玻璃（棕色）	<4	10	采样瓶装满装实并密封
难挥发性有机物	玻璃（棕色）	<4	14	

1.5 固体废物实验教学基本要求

1.5.1 课前预习

为完成每个实验，学生在课前必须认真阅读实验教材，清楚地了解实验目的、实验原理和实验内容，写出简明的预习提纲。预习提纲包括：

（1）实验目的、实验原理、实验步骤；

（2）需测试项目的测试方法；

（3）实验注意事项；

（4）准备好实验记录表格，见表 1-14。

表 1-14 固体废物处理与污染控制实验报告（供参考）

姓　　名：	成　　绩：
学　　号：	指导教师：
班　　级：	组　　别：
1. 实验目的	
2. 实验原理	
3. 实验步骤	
4. 实验记录	
5. 实验结果与讨论	
6. 实验照片记录	
7. 思考与体会	

注：第 1、2、3 项在实验之前完成，第 4 项在实验过程之中填写，第 5、6、7 项在实验完成之后填写。

1.5.2 实验设计

实验设计是实验研究的重要环节，是获得满足要求的实验结果的基本保障。在实验教学中，宜将此环节的训练放在部分实验项目完成后进行，以达到使学生掌握实验设计方法的目的。

1.5.3 实验操作

学生在实验前应仔细检查实验设备、仪器仪表是否完整齐全；实验时要严格按照操作规程认真操作，仔细观察实验现象，精心测定实验数据，并详细填写实验记录；实验结束后，要将实验设备和仪器仪表恢复原状，将周围环境整理干净。学生应注意培养自己严谨的科学态度，养成良好的学习和工作习惯。

1.5.4 实验数据处理

固体废物实验中常需要进行一系列测定，并取得大量的数据。实践表明，每项实验都会有误差，同一项目的多次重复测定，结果总有差异，即实验值与真实值之间存在差异。这是由实验环境不理想、实验人员技术水平不高、实验设备或实验方法不完善等因素引起的。随着研究人员对研究课题认识的提高和仪器设备的不断完善，实验中的误差可以逐渐减小，但是不可能做到没有误差。因此，绝不能认为取得了实验数据就已经万事大吉。

一方面，必须对所测对象进行分析研究，估计测试结果的可靠程度，并对取得的数据给予合理的解释；另一方面，还必须将所得数据加以整理归纳，用一定的方式表示出各数据之间的相互关系。通过实验取得大量数据以后，必须对数据进行科学的整理和分析，去伪存真、去粗取精，以得到正确可靠的结论。

1.5.5 编写实验报告

编写实验报告是实验教学必不可少的环节，这一环节的训练可为学生今后写好科学论文或科研报告打下基础。实验报告包括以下内容：

（1）实验目的；

（2）实验原理；

（3）实验步骤；

（4）实验记录；

（5）实验结果讨论；

（6）参考文献等。

参考文献

[1] 章骅，何品晶. 固体废物处理与资源化技术实验[M]. 北京：高等教育出版社，2022.

[2] 庄京，欧阳琛，王训. 无机及分析化学实验[M]. 北京：高等教育出版社，2022.

[3] 胡坪. 仪器分析实验（第三版）[M]. 北京：高等教育出版社，2022.

[4] 赵华绒，方文军，王国平. 化学实验室安全与环保手册[M]. 北京：化学工业出版社，2013.

[5] 蔡乐. 高等学校化学实验室安全基础[M]. 北京：化学工业出版社，2018.

[6] 国务院. 危险化学品安全管理条例（中华人民共和国国务院令第 645 号）[Z]. 2013-12-04.

[7] 中华人民共和国教育部. 关于加强高校实验室安全工作的意见（教技函〔2019〕36 号）[Z]. 2019-05-22.

[8] 中华人民共和国国家质量监督检验检疫总局. 实验室废弃化学品收集技术规范：GB/T 31190—2014 [S]. 北京：中国标准出版社，2015.

[9] 中华人民共和国国家质量监督检验检疫总局. 气瓶安全技术检察规程：TSG R0006—2014[S]. 北京：新华出版社，2014.

[10] 北京市质量技术监督局. 实验室危险化学品安全管理规范　第 2 部分：普通高等学校：DB11/T 1191.2—2018 [S]. 北京：中国标准出版社，2018.

[11] 中华人民共和国国家环境保护总局. 危险废物鉴别技术规范：HJ/T 298—2007[S]. 北京：中国环境科学出版社，2007.

[12] 中华人民共和国住房和城乡建设部. 生活垃圾采样和分析方法：CJ/T 313—2009[S]. 北京：中国标准出版社，2009.

第二部分

固体废物样品基础理化性质分析实验

2.1 固体废物的基本理化性质

2.1.1 固体废物的来源与分类

固体废物是固态或半固态废物的总称，一般具有无主性、分散性、危害性、错位性等特点，对环境的危害与所涉及的固体废物的性质和数量有关。可按固体废物的来源、性质与危害、处理处置方法等，从不同角度对固体废物进行分类。按来源和危害特性，固体废物有如下分类。

（1）按来源，可分为生活垃圾、工业固体废物和农业固体废物

生活垃圾是指在人们日常生活中或为日常生活提供服务的活动中产生的固体废物，其主要成分包括厨余物、废纸、废塑料、废织物、废金属、废玻璃、陶瓷碎片、砖瓦渣土、废旧电池、废旧家用电器等。生活垃圾主要来自城市居民与农村家庭、商业、餐饮业、旅馆业、旅游业、服务业、交通运输业、街道打扫垃圾和其他零散垃圾等。

工业固体废物主要来自各个工业部门的生产环节和生产废物，由于其废物常具有毒性，破坏整个生态系统并对人体健康产生危害，因而越来越引起人们的重视，其中很多废物被划入危险废物一类，需谨慎处理。按来源行业，工业固体废物可分为以下几类：冶金工业固体废物、能源工业固体废物、石油化学工业固体废物、矿业固体废物、轻工业固体废物和其他工业固体废物。

农业固体废物是指在种植业、林业、畜禽或水产养殖生产过程中，与种植业、林业、畜牧业和渔业产品生产、加工相关的活动中，以及农村居民日常生活中或者为日常生活提供服务的活动中产生的丧失原有价值的，或者原所有人、持有人已经抛弃、准备抛弃或必将抛弃的物质。按产生途径，农业固体废物可分为以下几类：种植生产废物、养殖生产废物、农业生产资料废物、农产品初加工废物、农村居民生活废物等。

（2）按危害特性，可分为有毒有害固体废物和无毒无害固体废物

有毒有害固体废物又称危险废物，包括医院垃圾、废树脂、药渣、含重金属污泥、酸和碱废物等。危险废物是指列入《国家危险废物名录》或者根据国家规定的危险废物鉴别标准和鉴别方法认定的具有危险特性的废物。由于危险废物常具有毒性、易燃性、腐蚀性、反应性、感染性等一种或几种危害特性，对人体和环境产生极大危害，因而国内外均将其作为废物管理的重点。

无毒无害固体废物一般指粉煤灰、建筑垃圾等。粉煤灰是指煤粉经高温燃烧后经烟道排出或除尘设备收集的煤灰渣。建筑垃圾是指建设单位、施工单位新建、改建、扩建和拆除各类建筑物、构筑物、管网等，以及居民装饰装修房屋过程中产生的弃土、弃料

和其他固体废物。按照来源，建筑垃圾可分为土地开挖垃圾、道路开挖垃圾、旧建筑物拆除垃圾、建筑施工垃圾和建材生产垃圾五类。

2.1.2 固体废物常见性质

固体废物的浮选、堆肥、发酵、焚烧、热解、填埋等处理处置方法与固体废物常见的理化性质有关，因而，固体废物的物理性质、化学性质、生物性质往往决定了固体废物适合的处理处置方法。固体废物常见的理化性质如下：

（1）物理性质

物理性质包括物理组分、密度、色、臭、温度、含水率、空隙率、渗透性、粒度、磁性、电性、光电性、摩擦性与弹性等。生活垃圾的压实、破碎、分选等处理方法主要与其物理性质有关。其中色、臭等特性可以通过视觉或嗅觉直接加以判断。生活垃圾典型组分或部分混合物的密度见表 2-1。

表 2-1 生活垃圾典型组分及部分混合物的密度 单位：kg/m^3

组分	范围	典型值	组分	范围	典型值
食品废物	120～480	290	玻璃、陶瓷	160～480	195
废纸类	30～130	85	马口铁罐头盒	45～160	90
硬纸板	30～80	50	非铁金属	60～240	160
塑料	30～130	65	钢铁类	120～1 200	320
纺织品	30～100	65	渣土类	360～960	480
橡胶	90～200	130	未压实混合垃圾	90～180	130
皮革类	90～260	160	在卡车容器内压实的混合垃圾	180～450	300
庭院废物	60～225	105	填埋场一般压实垃圾	350～550	475
废木料	120～320	240	填埋场紧密压实垃圾	600～750	600
杂类有机物	90～360	240			

（2）化学性质

化学性质包括元素组成、热值、重金属含量、pH、植物营养元素、污染有机物含量、碳氮比（C/N）、五日生化需氧量与化学需氧量的比值（BOD_5/COD）、垃圾中生物呼吸所需的耗氧量（DO）、灰分熔点、闪点与燃点、挥发分、灰分和固定碳、表面润湿性等。生活垃圾典型组分的元素组成及热值见表 2-2。

表 2-2 生活垃圾典型组分的元素组成及热值（100 kg 垃圾）

组成	范围/kg	典型值/kg	含水率/%	干基元素比例/%						典型热值/(kJ/kg)
				C	H	O	N	S	灰分	
有机组分										
食物	6～26	15	70	48.0	6.4	37.6	2.6	0.4	5.0	4 650
纸	25～45	40	6	43.5	6.0	44.0	0.3	0.2	6.0	15 000
纸板	3～15	4	5	44.0	5.0	44.6	0.3	0.3	5.0	16 280
塑料	2～8	3	2	60.0	7.2	22.8			10.0	16 736
织物	0～4	2	10	55.0	6.6	31.2	4.6	0.15	2.5	10 460
橡胶	0～2	0.5	2	78.0	10.0		2.0		10.0	16 736
皮革	0～2	0.5	10	60.0	8.0	11.6	10.0	0.4	10.0	17 450
树枝杂草	0～20	12	60	47.8	6.0	38.0	3.4	0.3	4.5	6 510
木材	1～4	2	20	49.5	6.0	42.7	0.2	0.1	1.5	14 650
小计		79								
无机组分										
灰土砖石	0～10	4	8	26.3	3.0	2.0	0.5	0.2	68.0	920
玻璃	4～16	8	2							
罐头盒	2～8	6	3							
有色金属	0～1	1	2							
黑色金属	1～4	2	3							
小计		21								

（3）生物性质

生物性质包括病毒、细菌、原生及后生动物、寄生虫卵等生物性污染物质的组成、有机组分的生物可降解性等。

2.2 固体废物理化性质分析方法

2.2.1 固体废物的国标分析方法

固体废物监测国家标准的作用是给出污染物具体的统一测定标准，达到标准化目的，为行政执行和约束提供依据。美国国家环境保护局固体废物办公室根据资源回收法（RCRA）编写的《固体废物试验分析评价手册》较全面地论述了采样方案的设计与实施、质量控制、方法选择、金属分析方法、有机物分析方法、综合指标试验方法、物理性质测定方法、废物有害特性鉴别、浸出毒性试验方法、地下水和土地处理监测以及废物焚烧监测等。

我国现行的固体废物分析标准方法主要包括《固体废物鉴别标准　通则》(GB 34330—2017)、《生活垃圾填埋场降解治理的监测与检测》(GB/T 23857—2009)、《危险废物鉴别技术规范》(HJ 298—2019)、《危险废物鉴别标准》(GB 5085.1—2007～GB 5085.7—2007)、《危险废物鉴别标准　通则》(GB 5085.7—2019) 等。其中，GB 34330—2017 规定了依据产生来源的固体废物鉴别准则、在利用和处置过程中的固体废物鉴别准则、不作为固体废物管理的物质、不作为液态废物管理的物质以及监督管理要求；GB/T 23857—2009 规定了生活垃圾填埋场垃圾堆体、填埋气体、地下水、渗滤液的监测项目和检测方法；HJ 298—2019 规定了固体废物的危险特性鉴别中样品的采集和检测，以及检测结果判断等过程的技术要求；GB 5085.1—2007～GB 5085.7—2007 系列标准规定了危险废物鉴别通则，以及腐蚀性鉴别、急性毒性初筛、浸出毒性鉴别、易燃性鉴别、反应性鉴别、毒性物质含量鉴别的样品制备、试验方法。

固体废物还会产生垃圾渗滤液和恶臭等二次污染物，因此，对于这些二次污染物的监测分析还应该遵循《生活垃圾填埋场污染控制标准》(GB 16889—2008)，以及相关的废水和废气的监测方法标准。上述标准规定了固体废物的样品采制、样品处理及样品分析方法的标准。目前，我国尚无有关固体废物理化性质统一的国标分析方法。

2.2.2　固体废物的其他分析方法

固体废物的其他分析方法主要包括危险废物鉴别、固体废物采样、固体废物分析方法、标样等标准，如《危险废物鉴别技术规范》(HJ/T 298—2019)、《固体废物浸出毒性浸出方法　醋酸缓冲溶液法》(HJ/T 300—2007)、《固体废物浸出毒性浸出方法　硫酸硝酸法》(HJ/T 299—2007)、《铬渣污染治理环境护技术规范（暂行）》(HJ/T 301—2007)、《固体废物鉴别导则（试行）》(公告 2006 年　第 11 号)、《工业固体废物采样制样技术规范》(HJ/T 20—1998) 等。其中，HJ/T 20—1998 规定了工业固体废物采样制样方案设计、采样技术、制样技术，样品保存和质量控制。

生活垃圾分析、监测标准主要包括《生活垃圾采样和物理分析方法》(CJ/T 313—2009)、《生活垃圾填埋场环境监测技术标准》(CJ/T 3037—1995) 等。其中，CJ/T 313—2009 规定了生活垃圾样品的采集、制备和物理成分、物理性质的分析方法，适用于生活垃圾调查和测定；CJ/T 3037—1995 规定了生活垃圾填埋场在填埋前和填埋后的水、气和土壤的监测内容和监测方法。

另外，《三废处理工程技术手册　固体废物卷》对包括城市生活垃圾、工业固体废物和危险废物的来源、性质、类型和危害等有所介绍，并对固体废物的采样与分析专门列出一章加以讨论，包括物理成分、含水率、容重、灰分、可燃物含量、粒度、热值等物理性质分析，以及化学性质分析和生物性质分析等。

2.3 实验内容

本书编写的固体废物样品基础理化性质分析实验共 9 项，包括：

实验一　城市生活垃圾含水率及物理组成分析

实验二　城市生活垃圾热值的测定

实验三　固体废物有机质含量的分析

实验四　有机固体废物堆肥腐熟度的测定（淀粉测试法）

实验五　固体废物浸出毒性实验（水平振动法）

实验六　固体废物总固体（TS）和挥发性固体（VS）的测定

实验七　固体废物总有机碳（TOC）的测定

实验八　固体废物重金属含量的测定

实验九　垃圾渗滤液指标的测定与分析

实验一　城市生活垃圾含水率及物理组成分析

（实验学时：4学时；编写人：王东梅；编写单位：西南交通大学）

一、实验目的

城市生活垃圾又称城市固体废物，指在城市日常生活中或为城市日常生活提供服务的活动中产生的固体废物以及法律、行政法规规定视为城市生活垃圾的固体废物，主要包括居民生活垃圾，商业垃圾，集贸市场垃圾，街道垃圾，公共场所垃圾，机关、学校、厂矿等单位的垃圾。随着城市发展和人民生活水平的不断提高，我国城市生活垃圾产生量逐年增加，其引起的环境污染问题越来越严重。

城市生活垃圾在污染环境的同时，也是一种潜在的资源。目前主要的垃圾处理方式除了填埋、焚烧外，还有分类回收等资源化利用方式。在选择合适的城市生活垃圾处理及资源化利用方式前，掌握城市生活垃圾的含水率及物理组成是非常重要的。

通过本实验预达到以下目的：

（1）了解城市生活垃圾的物理组成；

（2）熟悉城市生活垃圾含水率及物理组成的分析方法；

（3）熟悉不同特性生活垃圾的处理及回收方式。

二、实验原理

本实验拟对城市生活垃圾的含水率、物理组成进行分析。

1. 含水率

含水率定义为单位质量垃圾的含水量，用质量分数（%）表示，见式（1）。

$$\eta=\left(1-\frac{M_{干}}{M_{湿}}\right)\times 100\% \tag{1}$$

式中：$M_{干}$——垃圾干重，kg；

$M_{湿}$——垃圾湿重，kg；

η——垃圾含水率，%。

收集的垃圾中，除含有内部结合水外，还含有吸附水、膜状水、毛细管水等。新鲜垃圾在收集容器中各成分的含水量，因扩散、蒸发会随时间改变，而垃圾含水类型和总量则依垃圾组成及自然环境而定。一般将这种不定态的垃圾含水量称为自然含水率。垃圾中所含水分质量与垃圾总质量之比，就是垃圾含水率。含水率一般采用烘干法测定。

2．物理组成

垃圾的物理组成是指垃圾中纸屑、塑料、金属、沙土等物理组分的重量比。由于城市垃圾扩散性小，不易流动，成分又极不均匀，所以其组成的测定是一项极其复杂的工作，难以用机械分离开来，目前国内仍以人工取样分选后再分别称量的方法进行测定。一般以各成分质量占新鲜湿垃圾质量的百分数来表示，即以湿基率（%）表示；也可烘干后，去除水分再称量，按干基率（%）表示。本实验采用干基率表示，见式（2）。

$$C_i = \frac{M_i}{M} \times 100\% \tag{2}$$

式中：C_i—— i 成分含量（干基率），%；

M_i—— i 成分烘干后质量，kg；

M——样品总烘干后质量，kg。

三、仪器与材料

（1）恒温干燥箱：工作温度为室温至 250℃；

（2）电子天平：最大称量 1 kg，精度 0.01 g；

（3）瓷盘、10 mm 筛、橡胶手套、口罩等；

（4）城市生活垃圾 1 kg，可来源于学生宿舍、生活区等。

四、实验步骤

（1）将垃圾试样置于恒温干燥箱中，通常温度控制在（105±5）℃下，烘烤 4～8 h，取下冷却后称重。当垃圾主要为可燃物时，温度以 70～75℃为宜，烘烤时间 24 h。

（2）重复烘 1～2 h，再称量，直至质量恒定。当垃圾中有机物含量高时，完全达到质量恒定是困难的。所以一般以二次连续称量的误差小于总质量 4‰为标准。

（3）将烘干后的垃圾按表 1 进行粗分拣。

（4）粗分拣后的剩余物过 10 mm 筛，筛上物是分拣各成分，筛下物按其主要成分分类，无法分类的为混合类。

（5）将各类分拣的成分进行称重，并记录于表 1。

五、数据记录与处理

（1）实验结果记录表见表 1。

表 1　垃圾组成分类表

类别	厨余类	纸类	橡塑类	纺织类	木竹类	灰土类	砖瓦陶瓷类	玻璃类	金属类	其他	混合类
质量/kg											
含量/%											

（2）计算样品的含水率（精确至 0.1%）。

（3）计算垃圾各成分的占比（精确至 0.1%）。

六、思考题

（1）根据实验结果，分析城市生活垃圾的特性。

（2）对城市生活垃圾的处理及回收利用提出建议。

七、注意事项

（1）选择学生宿舍或生活区生活垃圾时，应尽可能选择一段时间内有代表性的，不可对垃圾成分进行挑选。

（2）在恒温干燥箱烘干时，尽量摊平，有盖子或密封的垃圾需打开或剪开，使得水分可顺利排出。

（3）当垃圾主要为可燃物时，切记温度不可过高，并注意观察垃圾的状态，以防出现安全事故。

实验二　城市生活垃圾热值的测定

（实验学时：4 学时；编写人：王东梅；编写单位：西南交通大学）

操作视频

一、实验目的

固体废物热值是固体废物的一个重要物理化学指标。固体废物热值是指单位质量的固体废物完全燃烧释放出来的热量，以 kJ/kg 表示。一般地，以生活垃圾为例，若生活垃圾的高位热值在 5 000 kJ/kg 以上，则无须添加任何助燃剂就可以实现燃烧。热值的高低是固体废物焚烧利用价值的主要依据，对焚烧起着决定性的作用。

通过本实验预达到以下目的：

（1）了解城市生活垃圾热值的特征；

（2）学会用氧弹热量计测定固体废物的热值；

（3）熟悉城市生活垃圾热值的测定流程。

二、实验原理

热化学中定义，1 mol 物质完全氧化时的反应热称为燃烧热。对生活垃圾固体废物和无法确定相对分子质量的混合物，其单位质量完全氧化时的反应热称为热值。

热值有两种表示方式，即高位热值（粗热值，HH）和低位热值（净热值，HL）。若热值包含烟气中水的潜热，则该热值是高位热值，若不包含烟气中水的潜热，则该热值是低位热值。

测量热效应的仪器称为热量计。热量计的种类很多，本实验用氧弹热量计。测量基本原理是根据能量守恒定律，样品完全燃烧放出的能量促使氧弹热量计本身及周围的介质（本实验用水）温度升高，通过测量介质燃烧前后温度的变化就可以计算该样品的燃烧热值。

氧弹热量计是测量城市生活垃圾热值最常用的测定仪器。图 1 为热量计氧弹外形，图 2 为氧弹剖面图，图 3 为氧弹热量计安装示意图。

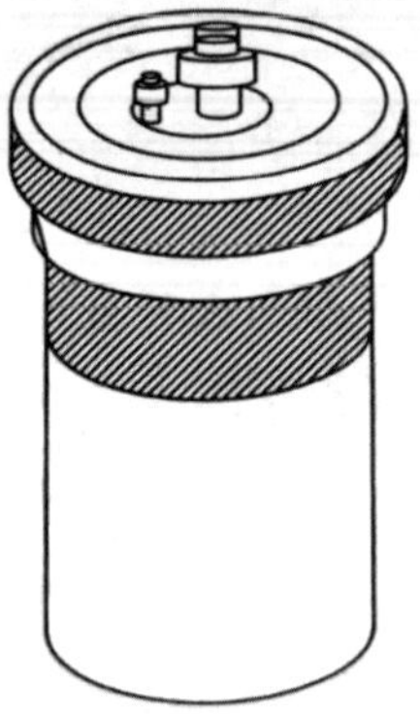

图 1　氧弹外形

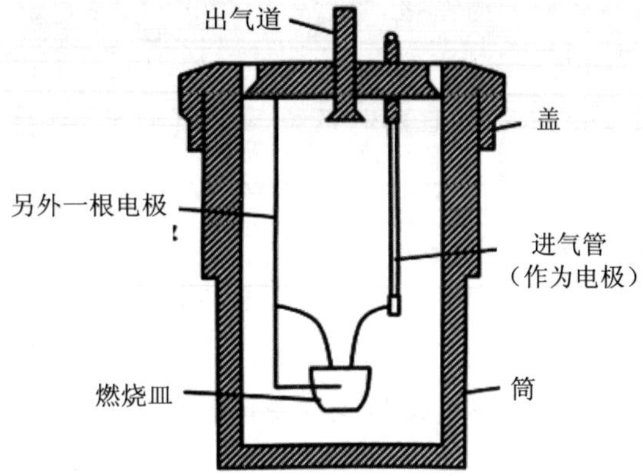

图 2　氧弹剖面图

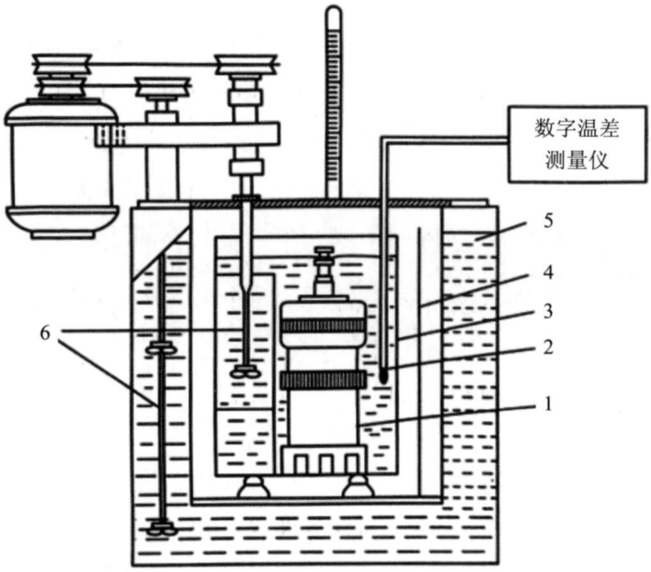

1—氧弹；2—数字温差测量仪（兼有数显控制器功能）；3—内筒；4—抛光挡板；5—水保温层；6—搅拌器

图 3　氧弹热量计安装示意图

1．氧弹

为了防止燃烧生成的酸对氧弹的腐蚀，全部结构采用不锈钢 1Cr18Ni9Ti 制成。氧弹由三部分组成，分别是容积为 300 mL 的圆筒形弹体、盖子、连接弹盖和弹体的环，弹体内径为 58 mm，深为 103 mm，壁厚为内径的 1/10，底和盖的厚度稍大，强度足够耐受固体燃烧时产生的最大压力（60～70 atm，1 atm=101 325 Pa），并能耐受液体燃料所产生的更大压力。氧弹采用自动密封的橡胶垫圈，当氧弹内充氧到一定压力时，橡胶垫圈因受压而与弹体和弹盖密接，造成两者间的气密性。且筒内外压力差越大，密封性能越好。中间气阀也因受压紧密闭合，氧气从中间气阀螺钉四周进入筒内，不会直接充压试样，点火时又可保护弹顶密封系统。本氧弹具备操作方便、结构合理可靠、使用寿命长等优点。

2．水套（外筒）

水套是双层容器，实验时充满水，通过水套搅拌器使筒内水温均衡，形成恒温环境，水筒放在水套中的一个具有 3 个支点的绝缘支架上。水套备有上有小孔的胶木盖，便于插入测温探头、点火丝等，盖下面衬有抛光金属板。

3．水筒（内筒）

水筒全部由不锈钢薄板制成，截面为梨形，以减少与外筒间的辐射作用。氧弹放入水筒后，可加水淹没氧弹，而水面至内筒上边缘有 250～500 mL 空间，水筒的装水量一般为 3 000 g（氧弹搁在弹头座架上），水筒内设有电动搅拌器。

4．搅拌器

搅拌器由同步电动机带动，搅拌速度为 500 r/min，转速平稳。通过搅拌器螺旋桨的运动，使试样燃烧放出的热量尽快在量热系统内均匀散布。电动机搅拌器间用绝热固定板连接，以防止因电动机产生的热而影响测量精度。外筒搅拌器为手拉式搅拌器，上下拉动数次即能使外筒水温均匀，给内筒形成一个恒温的外部环境。

5．工业用玻璃棒温度计

温度计的刻度范围为 0～50℃，最小分度为 0.1℃，用来测量水套的水温。

6．点火丝

点火时通入 24 V 交流电，引燃点火丝。点火丝一般由直径为 0.1 mm 左右的镍铬丝做成。当有电流通过时，镍铬丝被烧成赤热并在很短时间内熔断，引燃试样。

7．气体减压器

YQY-370 气体减压器或 SJT-10 型气体减压器用于瓶装氧气减压。它能保持稳定和足够的流量送到氧弹中，进气最高工作压力为 15 MPa，最低工作压力不低于工作压力的两倍。该减压器带有两个压力表，其中一个表指示氧气瓶内的压力，可指示 0～25 MPa，另一个表指示被充氧气的氧弹的压力，可指示 0～6 MPa。两个表之间装有减压阀，压力表每年至少经国家监管部门检查一次，以保证指示读数正确和使用安全。各连接部分禁止使用润滑油，必要时只能使用甘油，涂抹量不应过多，若任一连接部分被油类污染，必须用汽油或酒精洗净并风干。

点火丝通常是直径为 0.1 mm 左右的铝、铜、镍铬丝或其他已知热值的金属丝，若使用棉线，则应选用粗细均匀、不涂蜡的白棉线。

三、仪器与材料

（1）氧弹热量计 1 套：含氧弹、水套（外筒）、水筒（内筒）、搅拌器、工业用玻璃棒温度计、点火丝；

（2）氧气瓶、气体减压器；

（3）天平、压片机等。

四、实验步骤

本实验采用的热量计型号为天弘 ZDHW-A5。

1．标定仪器热容量

1）给外桶加满水（约 18 kg），但以手动搅拌时不溢出为限；为了测量时的温度能尽快达到平衡，加入外桶的水最好预先在室内放置半天以上；注入外桶后还应手动搅拌数次（外桶上的红色手柄即手动搅拌杆）。

2）称样。称取片剂苯甲酸 1 g（约 2 片），称准至 0.000 2 g，放入燃烧皿中。

3）装氧弹。将氧弹弹盖放在弹头支架上，取一根约 10 cm 长的点火丝（如 Ni-Cr 丝），把点火丝与试样接触好，两端挂在两根开有斜缝的装点火丝杆上（其中一根杆也是燃烧皿托架），用锁紧小套管锁紧。不可让点火丝接触燃烧皿或氧弹体的其他金属部位，以免旁路点火电流，使点火失败。

4）充氧气。在氧弹内加入 10 mL 蒸馏水，拧紧氧弹弹盖，将充氧器接在工业氧气瓶上，把氧气导管接在氧弹上，打开气阀，限压在 2.5～3.0 MPa，往氧弹内缓缓充入氧气，压力平衡时间不得少于 30 s。充好氧气的氧弹放入水中检查是否漏气，看不到冒气泡说明氧弹不漏气。

5）给内桶加水。将氧弹放在内桶的氧弹座架上，向内桶加入已调好水温的蒸馏水（约 3 000 g，水面应在进气阀螺母的 2/3 处）；每次的加水量必须相同（≤±1 g）；使内桶水温比外桶低 0.2～0.5℃，以便在测量结束时内桶水温高于外桶，温度曲线可出现明显下降。将内桶放在外桶的绝缘支座上。

6）插好点火线。将氧弹戴好点火帽，插好点火电极。盖好外桶桶盖（将点火线卡在桶盖上预留的缺口处）。开启仪器右后上部的红色电源开关。

7）数据测量。打开搅拌，稳定后打开精密电子温差测量仪，监视内筒温度。待温度基本稳定后开始记录数据，整个数据记录分为 3 个阶段：

①初期。这是样品燃烧以前的阶段。在这一阶段观测和记录周围环境和量热体系在试验开始温度下的热交换关系。每隔 1 min 读取温度 1 次，共读取 6 次。

②主期。当仪器搅拌 10 min 内温度变化不大于 0.001℃或最后两个温度变化不大于

0.001℃时，可进入主期温度测量，仪器自动点火完成测量全过程。

③末期。这一阶段的目的与初期相同，是观察在试验后期的热交换关系。此阶段仍是每 0.5 min 读取温度 1 次，直至温度停止下降为止（约读取 10 次）。

测定完成后，从热量计中取出氧弹，缓缓放气，拧开并取下氧弹弹盖。实验结束，用干布将氧弹内外表面和弹盖擦净，最好用热风将弹盖及零件吹干或风干。

2．样品热值的测定

将混匀具有代表性的生活垃圾或固体废物干样粉碎成粒径为 2 mm 的碎粒，用相同方法进行上述实验。样品松散需要先压片。

3．数据处理

（1）用公式法校正温差

测量结果按式计（1）算：

$$K=\frac{Q\cdot a+gb}{\left[\left(T-T_0\right)+\Delta t\right]} \tag{1}$$

式中：K——热容量，J/℃；

Q——苯甲酸的热值，26 465 J/g；

a——苯甲酸的重量，g；

g——点火丝的热值，J/g；

b——实际消耗的点火丝重量，g；

T——直接观测到的主期的最终温度，℃；

T_0——直接观测到的主期的最初温度，℃；

Δt——热量计热交换校正值，℃。

（2）热量计热交换校正值 Δt，用奔特公式计算，见式（2）：

$$\Delta t=\frac{m\left(v+v_1\right)}{2}+v_1 r \tag{2}$$

式中：v——初期温度变率；

v_1——末期温度变率；

m——在主期中每 0.5 min 温度上升不小于 0.3℃的间隔数，第一间隔不管温度升高多少摄氏度都计入 m 中；

r——在主期每半分钟温度上升小于 0.3℃的间隔数。

（3）实验数据记录见表 1。

表 1　热值实验记录

室温：　　外筒温度：　　内筒温度：　　苯甲酸热值：

初期	编号								
	温度								
主期	编号								
	温度								
末期	编号								
	温度								

（4）垃圾的燃烧热按式（3）计算：

$$Q_v = \frac{\left[\left(T - T_0 + \Delta t\right)K - gb\right]}{G} \tag{3}$$

式中：Q_v——用氧弹热量计测得的恒容燃烧热，J/g；

G——垃圾样品的质量，g。

五、实验报告要求

（1）根据实验记录，计算垃圾的热值。

（2）根据实验结果，分析城市生活垃圾的特性。

（3）熟悉城市生活垃圾特性的常用实验监测手段，对城市生活垃圾的处理及回收利用提出建议。

六、思考题

（1）在利用氧弹热量计测量固体废物热值的过程中，有哪些因素可能影响测量分析的精度？

（2）本实验测得的热值和高位热值与低位热值有什么关系？

（3）氧弹测定物质的热值经常出现点火不燃烧的现象，使得热值无法测定，请问发生上述问题的原因是什么？如何解决？

（4）试对本实验提出改进措施。

七、注意事项

（1）试样在氧弹中燃烧产生的压力可达 14 MPa。因此，在使用后应将氧弹内部擦干净，以免引起弹壁腐蚀，减小其强度。

（2）氧弹、量热容器、搅拌器在使用完毕后，应用干布擦去水迹，保持表面清洁干燥。

（3）部件，各连接部分不允许有油污，更不允许使用润滑油。如发现油垢，应用乙醚或其他有机溶剂清洗干净。坩埚在每次使用后，必须清洗和除去碳化物，并用纱布清除附着的污点。

实验三　固体废物有机质含量的分析

（实验学时：4学时；编写人：王东梅；编写单位：西南交通大学）

操作视频

一、实验目的

垃圾中含有大量天然的和人工合成的有机质，有的容易生物降解，有的难以生物降解。固体废物有机质是衡量有机固体废物肥力肥效，乃至决定垃圾是否适合堆肥处理最重要的因素。准确分析固体废物有机质含量可为固体废物处理与污染控制提供重要的数据基础。

通过本实验预达到以下目的：

（1）了解固体废物有机质含量的测定方法和测试原理；

（2）掌握改进的重铬酸钾容量法，并对固体废物的有机质含量进行测定。

二、实验原理

固体废物有机质含量的测定方法，参照土壤有机质含量的测定方法，分为干烧法和湿烧法（经典方法）。

1．干烧法

将一定量的样品置于一管状灼烧器中，在通入氧气的条件下高温加热灼烧，土壤中的含碳有机物质在氧气充足的条件下氧化分解，释放出 CO_2 气体，采用一定量的碱对释放出的 CO_2 进行完全吸收后，可计算出产生的 CO_2 的量，再根据 CO_2 的量换算成土壤有机质含量。反应过程如下：

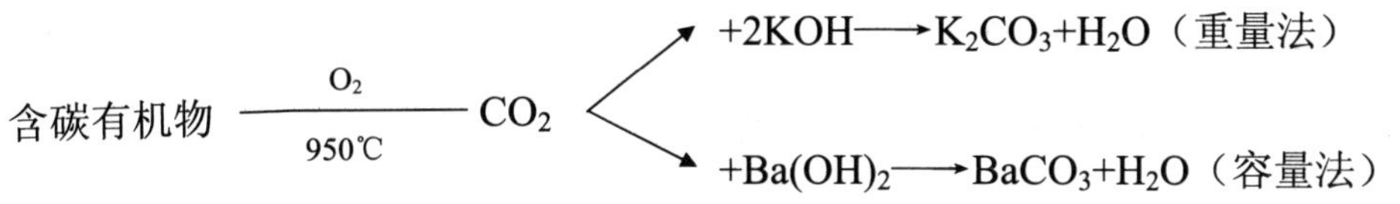

2．湿烧法

湿烧法与干烧法所不同的，它将一定量的样品置于一特殊的反应器中，用 $K_2Cr_2O_7$-

H_2SO_4 混合溶液作为氧化剂，在一定的温度下（180～190℃）氧化分解有机质；产生的 CO_2 采用与干烧法相同方式吸收并测定其吸收量，再根据 CO_2 的量计算有机质含量。

干烧法和湿烧法的优点是氧化完全，回收率可达 100%；缺点是测定速度慢，操作较麻烦，需要特殊的仪器设备。

3．改进的重铬酸钾容量法

根据垃圾中可生物降解有机质比不可生物降解有机质更易于被化学氧化的特点，在原有"湿烧法"测定有机质含量的基础上，采用常温反应，降低溶液的氧化能力，使之选择性地氧化生物可降解物质。

改进的重铬酸钾容量法的测定方法为：在强酸性条件下，用强氧化剂重铬酸钾在常温下氧化样品中的有机质，过量的重铬酸钾以硫酸亚铁铵回滴。根据所消耗的氧化剂的量，来计算固体废物样品中有机质的含量（参考 GB/T 23857—2009）。反应过程如下：

重铬酸钾-硫酸混合液对有机碳的分解：

$$K_2Cr_2O_7+8H_2SO_4+3C \longrightarrow 2K_2SO_4+2Cr_2(SO_4)_3+3CO_2\uparrow+8H_2O$$

硫酸低铁对重铬酸钾的滴定：

$$K_2Cr_2O_7+6FeSO_4+7H_2SO_4 \longrightarrow K_2SO_4+Cr_2(SO_4)_3+3Fe_2(SO_4)_3+7H_2O$$

三、实验设备与材料

1．样品

（1）较高有机质含量固体废物样品（试样 1）：污泥、新鲜垃圾（需烘干）；

（2）较低有机质含量固体废物样品（试样 2）：堆肥秸秆（需烘干）。

2．仪器

（1）万分之一天平 2 台；

（2）百分之一天平（EPS-202）2 台；

（3）研钵 4 套；

（4）摇床 2 台；

（5）烘箱；

（6）粉碎机。

3．玻璃仪器

（1）滴管 4 根、玻棒 4 根；

（2）100 mL 烧杯 12 个，500 mL 锥形瓶 4 个，250 mL 锥形瓶 12 个；

（3）10 mL 移液管 4 支；

（4）5 mL 移液管 4 支；

（5）50 mL 量筒 4 个；

（6）50 mL 酸式滴定管及滴定台 4 套。

4．药剂耗材

（1）凡士林少量；

（2）浓硫酸 1 000 mL；

（3）0.25 mol/L 重铬酸钾（$1/6K_2Cr_2O_7$）标准溶液；

（4）约 0.1 mol/L 硫酸亚铁铵溶液（测定较低有机质含量样品用，需标定）；

（5）约 0.5 mol/L 硫酸亚铁铵溶液（测定较高有机质含量样品用，需标定）；

（6）试亚铁灵指示剂 150 mL，约 3 小滴瓶。

四、实验步骤

1．标定方法

硫酸亚铁铵易氧化不稳定，硫酸亚铁铵标液浓度变化较大，日均变化率达 0.68%，所以进行有机质含量检测时，对硫酸亚铁铵溶液进行标定非常必要。步骤如下：

（1）用移液管移取 10 mL 的 0.25 mol/L 重铬酸钾标准溶液加入到 500 mL 锥形瓶中；

（2）向锥形瓶中加蒸馏水至 110 mL 左右；

（3）缓慢加入 10 mL 浓硫酸；

（4）冷却后，加入 3 滴试亚铁灵指示剂；

（5）用硫酸亚铁铵滴定，颜色为黄色→蓝绿色→红褐色，即终点。

试剂浓度按式（1）计算：

$$c_2 = \frac{c_1 V_c}{V} \tag{1}$$

式中：c_2——试剂浓度，mol/L；

c_1——重铬酸钾标准溶液浓度，mol/L；

V_c——加入重铬酸钾标准溶液的体积，mL；

V——加入硫酸亚铁铵溶液的体积，mL。

2．有机质含量测定

（1）用粉碎机粉碎干燥后的样品；

（2）取试样 1 和试样 2（精确到万分之一，测定有机质含量为 5%～10%，较小时取 0.2 g，测定有机质含量在 10%以上，较大时取 0.1 g）加入到 500 mL 锥形瓶；

（3）依次加入 10 mL 重铬酸钾标准溶液、25 mL 蒸馏水、10 mL 浓硫酸；

（4）将锥形瓶置于摇床上振荡 0.5 h（100 r/min）；

（5）冷却后，加入试亚铁灵 3 滴，用 0.25 mol/L 硫酸亚铁铵溶液滴定至红褐色（注意滴定终点的判断，样品滴定约 15 mL，若样品滴定用量不到空白滴定的 1/3 时，宜减少样品量，重新测定）。空白实验不加样品，其他步骤同上。

（6）记录消耗的硫酸亚铁铵体积。在表 1 中记录相关数据。

五、数据记录与处理

（1）实验数据记录见表 1。

表 1　固体废物有机质含量测定结果

硫酸亚铁铵浓度 c =　　　　mol/L

样品名称	样品质量/g	滴定前硫酸亚铁铵体积/mL	滴定后硫酸亚铁铵体积/mL	V_0/mL	V_1/mL	有机质含量/（g/kg）
空白						
试样 1						
试样 2						

（2）参照《生活垃圾填埋场降解治理的监测与检测》（GB/T 23857—2009），计算有机质的含量，见式（2）：

$$有机质含量=\frac{(V_0-V_1)\times c\times 6.383}{w} \tag{2}$$

式中：V_0——空白试验所消耗的硫酸亚铁铵标准溶液的体积，mL；

V_1——样品测定所消耗的硫酸亚铁铵标准溶液的体积，mL；

c——硫酸亚铁铵标准溶液的浓度，mol/L；

w——样品质量，g；

6.383——换算系数，$\frac{1}{4}$C 的摩尔质量除以有机质平均含碳量 47%。

六、思考题

（1）城市生活垃圾中哪些是可生物降解的，哪些是不可生物降解的？

（2）根据本次实验结果，比较试样的有机质含量测试结果，查阅文献，综合分析试样的降解程度和腐熟度。

（3）请详细解释计算公式中 6.383 这个换算系数是如何得到的？

七、注意事项

（1）取用浓硫酸时，务必戴手套操作，预防酸伤害。

（2）测定时，样品应取用上清液，否则杯底的垃圾颗粒对测定干扰较大。

（3）滴定快到达终点时需逐滴滴定并充分摇匀。

实验四　有机固体废物堆肥腐熟度的测定（淀粉测试法）

（实验学时：4 学时；编写人：张爱平；编写单位：四川师范大学）

一、实验目的

淀粉和糖类是易降解有机质，容易被微生物利用，如果堆肥物质达到了稳定状态，就不应再含有淀粉和糖类。可用碘液显色法测定堆肥中的淀粉，但不能以淀粉消失作为判定堆肥腐熟的必要条件，因为淀粉仅占堆料可降解物的一部分。

通过本实验预达到以下目的：

（1）掌握堆肥腐熟度的概念；

（2）了解堆肥腐熟度的评价指标；

（3）掌握堆肥腐熟度的淀粉测试法。

二、实验原理

1．好氧堆肥

堆肥化是在人工控制下，在一定的水分、碳氮比和通风条件下，通过微生物的发酵作用，将可生物降解的有机物向稳定的腐殖质转化的生物化学过程。好氧堆肥化工艺过程：前处理→主发酵→后发酵→后处理→脱臭→储存。好氧堆肥的影响因素有颗粒度、有机物含量、C/N、含水率、温度、pH、供氧量等。

2．堆肥腐熟度评价

腐熟度是衡量堆肥进行程度的指标。堆肥腐熟度是指堆肥中的有机质经过矿化、腐殖化过程后达到的稳定程度。目前还没有一套完整标准的堆肥产品腐熟度评价体系，一般从物理指标、化学指标、生物指标等方面进行评价（表 1）。对腐熟度的判断应采取多种分析方法，测定评估多个指标，然后根据指标综合分析堆肥的腐熟状况。

表 1 现有堆肥腐熟度指标分类

物理指标	化学指标	生物指标
温度	固相 C/N	种子发芽率
颜色	CO_2 释放量	花粉管实验
气味	NO_3^--N、NO_2^--N 和 NH_4^+-N 含量	微生物活性
含水率	水溶性 C/N	耗氧速率
体积	阳离子交换量（CEC）	酶活性
	可降解物质（淀粉、可溶性糖等）	
	pH、电导率（EC）	
	COD、BOD_5 和 CO_2	
	脂肪、粗纤维、类脂物有机酸	
	总腐殖质、腐殖化率和腐殖化系数	

1）直观经验法。操作人员凭经验观察成品堆肥的颜色是否呈棕色或暗灰色，是否具有霉臭的土壤气味，是否有明显的纤维。此法比较简单，但主观随意性大，缺乏统一的标准。

2）C/N。C/N 是一个较常用的参数，但随初始物料含碳量、含氮量的不同，结果偏差较大。理论上认为，C/N 较高的堆肥原料，当最后 C/N 降至（10～15）：1 时，可认为堆肥达到腐熟。但这一结论对 C/N 较低的有机物堆肥则不适用，如鸡粪［C/N＝（12～16）：1］。

3）腐殖酸含量。随着堆肥腐殖化过程的进行，腐殖酸的含量上升。因此，腐殖酸含量是一个相对有效反映堆肥质量的参数。

4）耗氧量。单位时间氧气消耗反映了微生物的活动强度。堆肥后期，微生物因营养的缺乏，活动轻度降低，氧气消耗量也随之减少。一般认为，耗氧量下降至 400 mg/（kg·h）时，可认为堆肥已腐熟。

5）种子发芽试验。参考《生活垃圾堆肥处理技术规范》（CJJ 52—2014）。

3. 淀粉测试法

在垃圾堆肥处理过程中形成了淀粉化配合物。这种配合物颜色的变化取决于堆肥的降解度，当堆肥降解尚未结束时，呈蓝色，降解结束时呈黄色。

堆肥颜色的变化过程：深蓝→浅蓝→灰→绿→黄；

相应的降解程度：未降解→初步降解→降解→未完全降解→完全降解；

相应的腐熟度：Ⅰ→Ⅱ→Ⅲ→Ⅳ→Ⅴ。

三、实验装置

下面以常见的模拟筒仓式好氧静态发酵工艺为例，介绍有机固体废物堆肥的实验装置。实验装置为圆柱体，有效直径为 0.6 m，有效高度约 0.8 m，模拟仓的材料为有机玻璃。反应装置主要由反应器主体、通风系统和渗滤液收集系统 3 部分组成，好氧堆肥模拟装置见图 1。

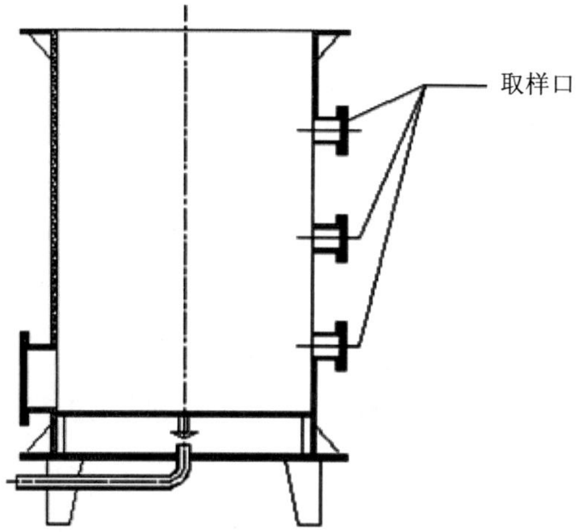

图 1　好氧堆肥模拟装置

四、实验材料、仪器和药剂

1．试样

（1）污泥或垃圾（需烘干）；

（2）秸秆（需烘干）。

2．仪器

（1）百分之一天平（EPS-202）2 台；

（2）过滤用的铁架台 6 个。

3．玻璃仪器

（1）滴管 4 根、玻棒 4 根；

（2）移液管 5 mL、10 mL 各 2 支；

（3）100 mL 烧杯 10 个，250 mL 锥形瓶 10 个；

（4）锥形漏斗 10 个；

（5）研钵研磨棒 4 套。

4．药剂耗材

（1）酒精、72%的高氯酸、碘反应剂；

（2）药匙 4 个、白瓷板 2 块；

（3）定性滤纸（快速），2 包；

（4）蒸馏水；

（5）其他：橡胶手套（防腐蚀溶液）。

五、实验步骤

（1）研磨实验样品，分别称量 0.5 g 试样 1（污泥或垃圾）、试样 2（秸秆），分别置于 100 mL 烧杯；

（2）滴入几滴酒精使其润湿（有机溶剂浸提），加 15 mL 蒸馏水+5 mL 的 72%高氯酸（消解）10 min；

（3）定性滤纸过滤，逐滴加入碘反应剂至显色；

（4）定性滤纸过滤，将几滴滤液滴到白色板上，观察其颜色变化。

六、数据记录与处理

数据记录于表 1 中。

表 1　数据记录

	颜色	降解程度	腐熟度	备注
试样 1			—	未堆肥垃圾或稳定化垃圾，作对比
试样 2				堆肥一段时间

注：注意如下过程的记录与拍照，包括原样品、磨粉后、过滤前、过滤后、白瓷板比色等。

七、思考题

（1）淀粉测试法的基本原理是什么？

（2）根据实验结果，比较稳定化垃圾的降解程度，分析堆肥产品的腐熟度。

八、注意事项

（1）过滤操作一定要规范，否则混入的垃圾颗粒对颜色的判定有干扰；

（2）滤出液不用过多，可判定颜色即可停止过滤。

实验五 固体废物浸出毒性实验（水平振动法）

（实验学时：6 学时；编写人：刘建；编写单位：西南交通大学）

一、实验目的

据统计，2021 年我国一般工业固体废物产生量为 39.70 万 t，处置量和贮存量分别为 8.89 万 t 和 8.94 万 t。固体废物的浸出不仅是固体废物的浸出毒性判断依据，也是固体废物的管理和处置的重要依据。本实验可以评估在受到地表水或地下水浸沥时，固体废物及其他固态物质中无机污染物（氰化物、硫化物等不稳定污染物除外）的浸出风险。

通过本实验预达到以下目的：

（1）掌握固体废物浸出毒性实验的方法和原理；

（2）了解一般工业固体废物的定义并能根据固体废物毒性浸出实验结果对固体废物进行分类。

二、实验原理

根据《固体废物 浸出毒性浸出方法 水平振荡法》（HJ 557—2010），以纯水为浸提剂，模拟固体废物在特定场合中受到地表水或地下水的浸沥后有害组分浸出进入环境的过程。浸出液中任何一种特征污染物浓度均未超过《污水综合排放标准》（GB 8978—1996）最高允许排放浓度（第二类污染物最高允许排放浓度按照一级标准执行），且 pH 在 6～9 的为第 I 类一般工业固体废物。浸出液中有一种或一种以上的特征污染物浓度超过 GB 8978 最高允许排放浓度（第二类污染物最高允许排放浓度按照一级标准执行），或 pH 在 6～9 之外的为第 II 类一般工业固体废物。

三、实验材料、仪器与设备

1. 实验材料

（1）工业固体废物：如粉煤灰、铅锌尾矿等（本实验仅针对含固率大于 9%的固体废物）。

（2）浸提剂：纯水或蒸馏水。

（3）pH 标准液。

2．浸出实验仪器与设备

（1）振荡设备：频率可调的往复式水平振荡装置。

（2）提取瓶：2 L 具旋盖和内盖的广口瓶，由不能浸出或吸附样品所含成分的惰性材料（如玻璃或聚乙烯等）制成。

（3）过滤装置：加压过滤装置或真空过滤装置，对难过滤的样品也可采用离心分离装置。

（4）滤膜：0.45 μm 微孔滤膜。

（5）天平：精度不低于±0.01 g。

（6）筛：涂 Teflon 的筛网，孔径为 3 mm。

3．pH 测定实验仪器与设备

（1）pH 计：各种型号的 pH 计或离子活度计，精度为±0.02pH。

（2）玻璃电极，消除钠差电极。

（3）参比电极：甘汞电极、银/氯化银电极或者其他具有固定电势的参比电极。

（4）磁力搅拌棒、用聚四氟乙烯或者聚乙烯等塑料包裹的搅拌棒。

（5）温度计或有自动补偿功能的温度敏感元件。

4．重金属测定材料、仪器与设备

有关重金属测定所需材料、仪器和设备见第二部分实验八。

四、实验步骤

1．含水率测定

根据固体废物的含水量，称取 20～100 g 样品于预先干燥恒重的具盖容器中，在 105℃下烘干，恒重至±0.01 g，计算样品含水率。

2．浸出步骤

（1）称取干基重量为 100 g 的试样，置于 2 L 提取瓶中，根据样品的含水率，按液固比为 10∶1（L/kg）计算出所需浸提剂的体积，加入浸提剂，盖紧瓶盖后垂直固定在水平振荡装置上，调节振荡频率为（110±10）次/min、振幅为 40 mm，在室温下振荡 8 h 后取下提取瓶，静置 16 h。在振荡过程中有气体产生时，应定时在通风橱中打开提取瓶，释放过度的压力。

（2）在压力过滤器上装好滤膜，过滤并收集浸出液，按照各待测物分析方法的要求进行保存。

（3）除非消解会造成待测金属的损失，用于金属分析的浸出液应按分析方法的要求进行消解。

3. pH 测定

（1）浸出液制备（同 2. 浸出步骤）。

（2）如果样品和标准缓冲液的温差大于 2℃，测量的 pH 必须校正。可通过仪器带有的自动或手动补偿装置进行，也可预先将样品和标准在室温下平衡达到同一温度。记录测定的温度。

（3）将样品或标准溶液倾倒入清洁烧杯中，其液面应高于电级的敏感元件，放入搅拌子，将清洁干净的电极插入烧杯中，以缓和、固定的速率搅拌或摇动使其均匀，待读数稳定后记录其 pH。应重复测定 2～3 次直到其 pH 变化小于 0.1。

4. 重金属测定步骤

浸出液中重金属测定的具体步骤详见第二部分实验八。

五、实验报告要求

1. 实验记录

（1）固体废物含水率

记录固体废物烘干前的质量（m_1）和烘干至恒重后的质量（m_2）。

（2）浸出实验

记录称取湿基固体废物的质量（m_3）和浸提剂体积（V_1）。

（3）浸出液测定实验

记录浸出液 pH，并按照表 1 记录重金属实验数据。

表 1 浸出液重金属含量测定实验记录

待测定金属	Pb	Cu	Zn	Ni	Cr	Cd
空白溶液吸光度						
被测试样吸光度						
被测样重金属含量/（mg/L）						
稀释倍数						
浸出液中重金属含量/（mg/L）						

2. 实验结果分析

（1）固体废物含水率

固体废物样品含水率计算公式如下：

$$f = \frac{m_1 - m_2}{m_1} \times 100\% \quad (1)$$

式中：m_1——样品烘干前的质量，g；

m_2——样品烘干至恒重后的质量，g；

f——固体废物样品含水率，%。

（2）固体废物类别判断

根据实验结果，判断一般工业固体废物所属类别。

六、思考题

（1）固体废物毒性浸出时，浸提剂为何不选硫酸硝酸混合液？

（2）液固比如果发生变化可能会对浸出结果产生什么影响？

（3）如果固体废物浸出液 pH 超过 12.5 或低于 2.0，此时该固体废物还是一般工业固体废物吗？

实验六　固体废物总固体（TS）和挥发性固体（VS）的测定

（实验学时：4 学时；编写人：张爱平，田婧；编写单位：四川师范大学）

一、实验目的

固体废物总固体（total solid，TS）是指固体废物中有机物和无机物的总和。TS 是评价和计算发酵物料中有机物的含量，以及发酵原料的沼气产量的重要指标。挥发性固体（volatile solid，VS）表征的是一定条件下固体废物中挥发性有机质的含量，其中的有机物由微生物能利用的有效 VS 和不能利用的无效 VS 组成，即易被微生物分解利用的有机物是小分子的水溶物、半纤维素和蛋白质等，而难以利用的是分子量大的粗脂肪、纤维素和木质素等。从有机物分子能的高低来看，微生物易利用的物质其分子能较低，相应的燃点应该更低，在较低的灼烧温度和较短的灼烧时间就能分解挥发；微生物难利用的物质的分子间键的结合能高，相应的燃点更高，要到更高的温度和灼烧更长时间才会挥发出来。研究表明，几乎所有的有机物都是挥发性固体，故测定物料中 VS 含量，就大概能推算出原料中有机物的比例，从而对厌氧消化的产气量进行粗略的预测。测定并分析 VS/TS 具有以下意义：用于衡量固体废物的可利用程度，尤其是那些来源于生物质和化石燃料的废物。比值越高，说明废物的有机物含量越高，具有更高的能量密度，可以用于生物质能源的生产，如生物燃料、生物气体和生物炭。此外，通过监测 VS/TS，可以评估废物处理过程中有机物和能量的转化效率，从而优化处理过程。因此，通过提高 VS/TS，可以促进废物资源的有效利用，减少能源浪费，降低环境影响，推动可持续发展。

通过本实验预达到以下目的：

（1）采用烘干重量法测定 TS，获得固体废物中总固体含量；

（2）采用高温灼烧法测定 VS，分析固体废物中挥发性固体含量；

（3）测定并分析样品的 VS/TS（挥发性固体与总固体比值），并探讨进行厌氧消化、好氧堆肥等生物处理的可行性。

二、实验原理

在沼气发酵中，TS 和 VS 是两项基础指标，有较大的实用价值。总固体是指试样在一定温度下蒸发至干重所余留的固体物的总量，是溶解性固体和悬浮性固体（包括胶状体）的总量；它的组成包括有机化合物、无机化合物及各种生物体；常以百分含量来表示。挥发性固体是指总固体的燃烧减重量，其组成是试样中的有机物、易挥发的无机盐（如碳酸盐、铵盐、硝酸盐）等，多以百分含量来表示。使用挥发性固体这个指标主要是表示基质中的有机物含量及反应发酵的基质负荷，虽然对这类参数还可采用有机碳的测定、生物需氧量以及化学耗氧量的测定来表示，但是由于这些手段各自存在的局限性，它们仍不能完全代替挥发性固体的测定。

总固体和挥发性固体的测定值是表征厌氧发酵基质浓度的重要参数。借助 TS 和 VS 的测定，可以获得一系列有意义的发酵参数，如容积负荷、最适容量、滞留时间、基质转化率以及甲烷产率等。这些参数是衡量被研究和使用的发酵工艺条件优劣的标准，也是评价发酵经济效益高低的依据之一。

根据固体废物中水分和有机质在一定温度下蒸发或挥发导致的重量变化进行测试，具体操作流程如图 1 所示。

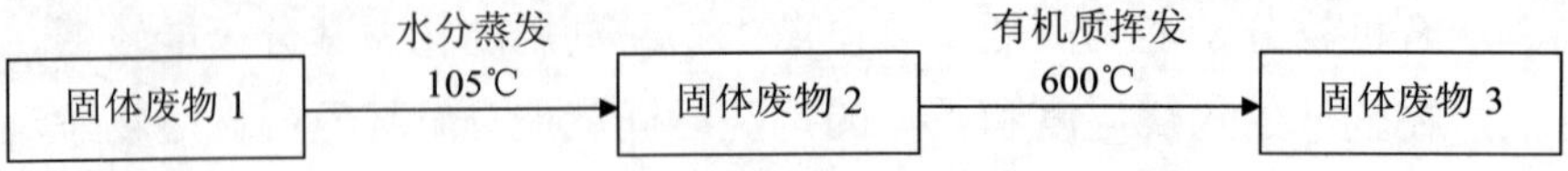

图 1　固体废物水分和有机质分析

三、实验设备与材料

（1）电热鼓风干燥箱，101-2AB；

（2）马弗炉；

（3）坩埚；

（4）坩埚钳；

（5）干燥器；

（6）电子计重天平，YP10K-1。

四、实验步骤

1. 烘干重量法测定固体废物样品 TS

将坩埚放在烘箱（105±5）℃下烘干至恒重，称重并记录数据 M_1。

将待测固体样品置于以上恒重坩埚中，记录此时质量 M_2。再将其置于（105±5）℃下烘干至恒重，并记录此时的数据 M_3。

按式（1）计算固体废物样品的 TS：

$$\mathrm{TS}=\frac{M_3-M_1}{M_2-M_1}\times 100\% \tag{1}$$

式中：TS——样品总固体含量，%；

M_1——坩埚的重量，g；

M_2——坩埚和样品的湿重，g；

M_3——坩埚和样品的干重，g。

2. 高温灼烧法测定固体废物中的 VS

将坩埚放在烘箱（105±5）℃下烘 1 h 左右至恒重，称重并记录数据 M_1。

将待测固体样品置于以上恒重坩埚中，将其置于（105±5）℃下烘干至恒重，并记录该质量 M_3。

将样品置于 600℃的马弗炉里灼烧 2 h 左右至恒重，取出冷却至室温，称重并记录数据 M_4。按式（2）计算固体废物样品的 VS：

$$\mathrm{VS}=\frac{M_3-M_4}{M_3-M_1}\times 100\% \tag{2}$$

式中：VS——样品挥发性固体含量，%；

M_1——坩埚的重量，g；

M_3——坩埚和样品的干重，g；

M_4——坩埚和灼烧残留量，g。

五、数据记录与处理

尽量采集多个有机固体废物的样品，进行测试与比较分析。依次编号，相应样品的测试结果记录在表 1 中。

表 1 固体废物 TS 和 VS 测定实验数据记录

样品名称	坩埚重量 M_1/g	坩埚+湿重 M_2/g	坩埚+干重 M_3/g	坩埚+灼烧残留量 M_4/g	总固体含量 TS/%	挥发性固体含量 VS/%
试样 1（猪粪）						
试样 2（牛粪）						

样品名称	坩埚重量 M_1/g	坩埚+湿重 M_2/g	坩埚+干重 M_3/g	坩埚+灼烧残留量 M_4/g	总固体含量 TS/%	挥发性固体含量 VS/%
试样 3（鸡粪）						
试样 4（市政污泥）						

参考值：猪粪：TS 为 20%～25%，VS 为 65%～75%；牛粪：TS 为 20%～25%，VS 为 50%～70%；鸡粪：TS 为 20%～25%，VS 为 60%～70%；市政污泥：TS 为 10%～20%，VS 为 5%～15%。

六、思考题

（1）简述 TS 与 VS 的关系。

（2）根据实验测试结果，分析 VS/TS 比值，为畜禽粪便、市政污泥选择合适的处理处置工艺，并说明原因。

七、注意事项

（1）注意采样的均匀性，应避免样品中混杂大颗粒，当一次取样（指直接自发酵器内取样）中有杆状或块状样时，就对这些材料作剪碎或打碎处理，直至试样组分较为均匀为止；

（2）注意采样的代表性，TS 和 VS 的含量会随着时间的推移而发生变化，畜禽粪便在储存和处理过程中也会发生变化，因此尽量选择同等性状的样品，采样后要注意样品的保存；

（3）为了避免处理时水分的自然蒸发，整个测试过程应迅速。

实验七 固体废物总有机碳（TOC）的测定

（实验学时：4学时；编写人：龚正君；编写单位：西南交通大学）

操作视频

一、实验目的

随着生产的发展和人民生活水平的提高，固体废物的排放量骤增，固体废物的处理和利用已成为环境科学中急需研究解决的问题之一。通过测定固体废物总有机碳（TOC）含量，可以评估废物对环境的潜在污染程度，帮助制定适当的废物处理策略和环境保护措施；确定适合特定废物的处理方法；确定主要废物生成源，指导制定废物减量和资源回收的措施；预测和评估这些污染物的释放潜力，帮助监测和控制废物处理过程中的环境风险；评估固体废物中有机资源的回收潜力，促进可持续资源利用和循环经济发展。本实验旨在测定固体废物中的TOC含量，以评估废物的有机物质含量和环境影响。

通过本实验预达到以下目的：

（1）掌握TOC的测定原理和方法；

（2）了解TOC分析仪的基本构造，学会固体进样测定方法；

（3）掌握通过TOC测定判断固体废物状况的方法。

二、实验原理

TOC是以碳含量表征样品中有机物总量的综合指标。土壤及沉积物中的TOC是影响土壤肥力与农业可持续发展的重要因素，其含量和动态在土壤质量演变与全球碳循环中起着十分重要的作用。作为土壤肥沃程度的主要表征，TOC是土壤研究中一项十分重要的理化性质指标。测定固态样品中TOC的方法主要有重铬酸钾容量法和TOC分析仪法等。传统的重铬酸钾容量法具有操作复杂、费工费时、污染较大、干扰因素较多等缺点，测定结果易出现较大的系统误差。固体进样TOC分析仪是对固体样品进行直接测定，省略了繁杂的消解过程，避免了消解过程中易挥发性物质的损失，简化了测量程序，大幅提高了分析准确度与分析效率。

TOC的测量方法分为TC-IC法（差减法）和NPOC法（不可吹除有机碳法）。其中

TC-IC 法具有样品处理简单、仪器操作便捷、实验数据准确等一系列优点，已成为当今测定 TOC 的首选方法。

对于含无机碳量低的固体样品，TOC 含量约等于 TC 含量，因此采用 TOC 分析仪对固体采用高温燃烧后检测可以直接得到 TOC 数据。

本实验使用 HTY-CT1000B 型 TOC 分析仪，该仪器建立了固体废物中 TOC 含量测定的方法，采用 1 200℃催化燃烧氧化法和非色散红外气体检测。试样在固体燃烧装置中经高温燃烧管的试样被高温催化氧化，样品中的有机物氧化为二氧化碳气体，经载气输送至非分散红外气体检测器 NDIR 中，在特定波长下，一定质量浓度范围内二氧化碳的红外线吸收强度与其质量浓度成正比，获得 TOC 值。

三、仪器与材料

1. 仪器

（1）HTY-CT1000B 型总有机碳（TOC）分析仪；

（2）SSE-10000 型固体燃烧装置；

（3）电子天平（最大称量为 1 kg，精度为 0.01 g）。

2. 材料

（1）固体废物（如秸秆、果壳、一次性餐具）；

（2）样品舟、取样勺、烧杯、注射器等；

（3）恒温干燥箱：工作温度为室温至 250℃；

（4）手套、口罩等防护用品。

3. 试剂

0.5 mg/g 蔗糖标准溶液。

四、实验步骤

1. 固体样品制备

取约 1 kg 的固体废物进行手工分拣，将废物中的铁块以及其他可见杂质拣出，使用破碎机进行破碎化处理后置于 105℃恒温干燥箱中烘干，过 100 目筛。

2. 仪器的调试及预热

（1）开机：依次开启电脑、HTY-CT1000B 型总有机碳分析仪和 SSE-10000 型固体燃烧炉，并预热 30 min 以上，打开氧气罐，旋钮调整氧气压力为 0.4 MPa。

（2）软件设置：点击进入 TOC 检测程序，输入账号密码进入站点界面，右键单击选择进入对应的仪器站点，等待仪器预热完成。切换检测模式为固体，进行基本参数调整，检查并确认冷凝水温度默认为 5℃，TC 炉温度为 800℃，固体 TOC 检测前流量为

0 mL/min；调整固体燃烧炉稳流阀，使后流速稳定在 500 mL/min；旋转压力调节阀，使载气压力为 0.3 MPa，待预热完成后，准备实验。

3．仪器校准

仪器的校准方法采用单点校准，选用的试剂为 0.5 mg/g 蔗糖标准溶液。首先选用干净的样品舟待测，创建校准测试方法，双击加载。编辑校准试剂测试信息，完成后保存，方法加载成功。

方法加载完毕后，用微型注射器抽取 200 μL 蔗糖溶液于样品舟中，但不要着急推入样品，仪器传感器会先检测到进样时携带的空气 CO_2 导致仪器基值上升，等到基值稳定后再推入样品（约 2 min）。测试结束后自动弹出校准系数，确定后数据即可保存到参数中，完成校准。

4．样品测试

按照 TOC 分析仪说明书使用 HTY-CT1000B 型分析仪+SSE-10000 型固体装置对实验样品进行 3 次平行测试，测试结果填入表 1，步骤如下：

（1）样品舟处理：旋开固体燃烧炉的样品盖把手，打开样品盖，使用干净的镊子，将洗净烘干的样品舟放入样品槽，关闭样品盖，推动推杆把手将样品推入燃烧炉，使样品舟高温燃烧 20 min，取出方法反之。每次进样均要使用燃烧处理后的样品舟；

（2）在电子天平称取待测样品 100.0 mg 为一份待测样，共需称取 4 份；

（3）测样准备：选择新增测试组，选择方法编号，选择测试项目为 TC，取消液体进样选项后，选择对应的方法［样品测试（TC）］，点击加载，确认后进入样品添加界面，添加一组空白样品后再按实际添加任意组样品，自行设置样品名称和质量。点击右上方的保存图标，即可完成测试组设置；

（4）开始检测：点击右侧开始图标，开始测试。拉出推杆把手，打开样品盖，放入空白样品（空白样品舟），盖上样品盖后推动推杆把手将样品舟推入燃烧炉，系统自动开始检测。第一次测试得到的数据应舍去，完成后续 3 次空白样品测试后，进行样品测试。测试方法与空白样品相同，完成全部测试后自动生成报告，完成检测。

5．仪器关机

选择退出站点，待仪器自动排空后即可依次关闭固体燃烧炉、TOC 检测仪、计算机。

五、数据记录与处理

实验样品测定结果记录见表 1。

表 1　固体实验样品测定结果记录

	TC/（mg/g）	TC 均值/（mg/g）
样本 1（舍去）		
样品 2		
样品 3		
样品 4		

六、思考题

（1）该方法对于不同类型的固体废物样品是否适用？为什么？

（2）为什么固体样品检测只能得到 TC 值？

（3）如何减少燃烧过程中的不完全燃烧对 TOC 测定结果的影响？

（4）除了 TOC 分析仪测定，还有哪些方法可以用于评估固体废物中的有机物质含量？

七、注意事项

（1）仪器摆放于室内，四周须有 20cm 空间以备散热，不可在四周及上方堆放物品。

（2）在操作热解装置和燃烧炉时，遵循安全操作规程，以防止火灾和烫伤等事故。

（3）使用仪器前，仔细阅读和理解仪器操作手册，并按照要求进行校准和操作。

（4）按仪器厂家说明书规定，按时更换二氧化碳吸收剂，高温燃烧管中的催化剂和低温反应管中的分解剂等。

（5）实验过程中保持实验室的整洁和清洁，并妥善处理废弃物。对于残留物有必要适用特定的措施对其加以全方位的处理，确保其符合最低限度的残留物比例。例如，针对无法溶解的某些残留物而言，对其通常能够运用水提取法或者直接燃烧法。

（6）校准曲线的相关系数应大于等于 0.995，每批样品应测定一个校准曲线中间浓度的校核样品，校核样品测定值与校准曲线相对应点浓度的相对误差应不超过 10%。

实验八　固体废物重金属含量的测定

（实验学时：4 学时；编写人：龚正君；编写单位：西南交通大学）

操作视频

一、实验目的

固体废物中含有多种有毒有害物质，其中含有的重金属是一种典型的污染物。重金属污染物具有易蓄积、难降解、毒性大的特点，其存在和迁移会造成自然和生态系统的环境污染，在江河、沉积物、土壤中迁移，在动植物或人体内富集，对生态系统和人体健康造成巨大危害。随着经济、工业的发展，固体废物重金属对环境的污染日益严重，势必增加了固体废物重金属含量的测量工作。因此，如何正确、快速、高效地进行环境样品检测具有重要意义。

通过本实验预达到以下目的：

（1）了解固体废物重金属来源、危害及其迁移规律和影响因素；

（2）掌握微波消解及其前处理技术和原子吸收分析重金属中金属元素的方法；

（3）了解原子吸收法测定重金属的相关方法；

（4）掌握分析测定中回收率、精密度、检出限的意义和计算方法。

二、实验原理

重金属由于自身理化性质不同，其在样品前处理、上机检测等方面差异显著。目前，土壤重金属检测前处理方法主要有电热板消解、石墨消解、湿法消解和微波消解等。其中，电热板消解和石墨消解操作复杂、所用试剂较多、效率低等缺点显而易见；湿法消解在加入强氧化剂消煮的过程中会产生大量有害气体，且消解过程中需一直照管，消耗人力；微波消解优点突出，如消解时间短、效率高、污染小以及准确性高等。

微波消解原理是利用微波的穿透性和激活反应能力加热密闭容器内的试剂和样品，使制样容器内压力增加，反应温度提高，从而极大提高反应速率，缩短样品制备的时间。并且可控制反应条件，使制样精度更高，减少对环境的污染和改善实验人员的工作环境。微波消解系统制样常用于原子吸收（AAS）、电感耦合原子发射光谱仪（ICP-AES）、电感耦合等离子体质谱（ICP-MS）及其他仪器的样品制备。

原子吸收光谱仪由光源、原子化器、分光器、检测系统等部分组成，原子吸收光谱法往往是首选的定量分析方法。在原子吸收光谱分析中，试样中被测元素的原子化是整个分析过程的关键环节。实现原子化的方法，最常用的有两种：①火焰原子化法，是原子光谱分析中最早使用的原子化方法，至今仍在广泛地被应用；②非火焰原子化法，其中应用最广泛的是石墨炉电热原子化法。目前，火焰原子吸收光谱法仍是应用最广泛的方法。因为其对大多数的元素都适用，且具有速度快、成本低、操作简单、结果误差不大的优势。

原子吸收光谱仪从光源辐射出具有待测元素特征谱线的光，通过试样蒸汽时被蒸汽中待测元素基态原子所吸收，由辐射特征谱线光被减弱的程度来测定试样中待测元素的含量。火焰原子吸收光谱法是利用火焰的热能，使试样中待测元素转化为基态原子的方法。常用的火焰为空气-乙炔火焰，其绝对分析灵敏度可达 10^{-9} g，可用于常见的 30 多种元素的分析，应用最广泛。

本实验采用微波消解-火焰原子吸收法对样品中的重金属铜（Cu）、锌（Zn）、铅（Pb）、镉（Cd）选其一种进行含量测定。

测得结果后根据式（1）计算待测元素含量：

$$\omega = \frac{C \times V \times 10^{-3}}{M} \times 100\% \tag{1}$$

式中：C——待测元素浓度，mg/mL；

M——试样质量，g；

V——试样总体积，mL。

检出限的定义是指产生一个能够确证在试样中存在某元素的分析信号所需要的该元素的最小含量，计算公式为

$$D = \frac{C \times 3\sigma}{A} \tag{2}$$

式中：D——检出限，μg/L 或μg/g；

C——待测元素浓度，mg/mL；

A——多次待测试液吸光度的平均值；

σ——噪声的标准偏差，是对样品空白溶液或接近空白的样品溶液进行至少 10 次连续测定，由所得的吸光度值求算其标准偏差而得，其计算式为

$$\sigma^2 = \sum \frac{(A_i - A)^2}{n-1} \tag{3}$$

相对标准偏差（RSD）可作为实验精密度测试，其计算式为

$$RSD = \frac{\sigma}{\bar{x}} \tag{4}$$

式中：σ——噪声的标准偏差；

$\bar{x}$——多次测量的算术平均值。

三、仪器与材料

1. 仪器

（1）微波消解仪；

（2）原子吸收光谱仪；

（3）电子天平（最大称量为 1 kg，精度为 0.01 g）。

2. 材料

（1）含重金属的固体废物样品（如建筑垃圾、废弃电器）；

（2）取样勺、移液枪、试管、烧杯、容量瓶、玻璃棒、漏斗等；

（3）恒温干燥箱：工作温度为室温至 250℃；

（4）手套、口罩等防护用品。

3. 试剂

（1）高氯酸（$HClO_4$）：优级纯；

（2）硝酸（HNO_3）：优级纯；

（3）氢氟酸（HF）：优级纯；

（4）纯水：电导率＜1.0 μS/cm、TOC 浓度不超过 0.5 mg/L 的水。

四、实验步骤

1. 溶液准备

（1）标准溶液的配制：Cu 浓度（0.00 mg/L、0.50 mg/L、1.00 mg/L、2.00 mg/L、4.00 mg/L、6.00 mg/L）、Zn 浓度（0.00 mg/L、0.10 mg/L、0.20 mg/L、0.40 mg/L、0.60 mg/L、1.00 mg/L）、Pb 浓度（0.00 mg/L、0.10 mg/L、0.20 mg/L、0.40 mg/L、0.60 mg/L、1.00 mg/L）、Cd 浓度（0.00 mg/L、0.01 mg/L、0.02 mg/L、0.04 mg/L、0.06 mg/L、0.10 mg/L）。

（2）制备各元素的混合标准溶液，含 1%硝酸（与样品酸度一致）。

2. 微波消解

（1）将实验样品破碎处理，在 105℃烘箱中干燥 1 h，要求过 5 mm 筛。

（2）精确称量 0.5 g 实验样品于微波消解罐中，并建立 HNO_3+HF+$HClO_4$ 的酸体系：加入 6 mL 浓硝酸、1 mL 高氯酸、3 mL 氢氟酸，混合均匀后拧紧罐盖并在室温下静止

10 min，同时设置样品空白溶液，除不加实验样品外，其余步骤完全相同。

（3）将消解罐放入微波消解系统中，设定微波消解程序进行消解（升温时间：15 min；恒温阶段：时间为 30 min，温度为 180℃）。

（4）待冷却后，进行过滤或离心，将试样转移至 50 mL 容量瓶内，用蒸馏水定容，摇匀后待测。

3．原子吸收光谱仪测量

（1）依次打开空气压缩机、乙炔阀门、原子吸收光谱仪及其配套计算机程序；待仪器自检结束，将仪器技术选为火焰，将开始条件的元素选择到对应待测元素，校准的标准方程式设置为线性，计算截距；在标样浓度处对应的识别码处记录校准空白、5 组标液及对应浓度。

（2）在试样信息编辑器内根据待测试液编写试样识别码，并保存当前方法。

（3）在工作区选中火焰法进入工作界面，打开点火按钮，打开通风橱风机。

（4）将进样管放入样品空白溶液，点击分析空白进行校零。

（5）将进样管依次放入浓度由低至高的标定溶液中，点击分析标样测定，保存得到的校准曲线及相关系数，要求相关系数 $r \geqslant 0.99$。

（6）根据编排好的识别码，将进样管移至对应样品，点击分析试样，依次对试样进行检测。

（7）测试完毕后先吸入空白溶液冲洗 5 min，再吸入纯水冲洗 5 min 后熄火，关闭软件。

（8）严格按照顺序，依次关闭仪器、乙炔阀门、空气压缩机，并进行排气。

（9）将得到的数据进行记录、整理、计算。

五、数据记录与处理

（1）绘制 Cu、Zn、Pb、Cd 标准曲线；

（2）根据标准曲线计算待测溶液的浓度；

（3）计算 RSD 和检出限，计算待测样品元素含量；

（4）实验结果记录于表 1。

表 1　含量、相对标准偏差及检出限

元素	含量ρ/（mg/g）	相对标准偏差/%	检出限/（mg/g）
Cu			
Zn			
Pb			
Cd			

六、思考题

（1）固体废物重金属的来源及存在形态有哪些？

（2）试样中可能存在何种干扰？对结果有何影响？如何消除？

（3）对于含重金属的固体废物，如何实现无害化和资源化？

七、注意事项

（1）仪器摆放于室内，四周须有 20 cm 空间以备散热，不可在四周及上方堆放物品。

（2）在操作消解体系装置时，遵循安全操作规程，以防发生火灾和烫伤等事故。

（3）使用仪器前，仔细阅读和理解仪器操作手册，并按照要求进行校准和操作。

（4）原子吸收光谱仪器遵循开机顺序：先开仪器，再开软件。关机顺序：先关软件，再关仪器。关闭乙炔阀门后，点排气按钮，如果管路比较长，可能需要点多次排气按钮，直至乙炔减压表显示压力为 0；否则阀门未关，管路内乙炔无法排尽。

（5）实验过程中保持实验室的整洁和清洁，并妥善处理废弃物。

实验九　垃圾渗滤液指标测定与分析

（实验学时：4 学时；编写人：龚正君；编写单位：西南交通大学）

操作视频

一、实验目的

填埋是生活垃圾处置的主要途径。填埋场渗滤液是生活垃圾在填埋堆体环境中，因自身降解与浸入水分（降水渗透、地下水渗入等）接触，在生物、化学、物理的复合作用下产生的一种污水，是填埋场产生的主要二次污染物，学会对垃圾渗滤液的指标进行分析是环境监测中必备的步骤。

通过本实验预达到以下目的：

（1）了解垃圾填埋场垃圾渗滤液的水质污染特征；

（2）了解垃圾渗滤液的水质污染特征；

（3）学习水质指标的分析测定方法。

二、实验原理

垃圾渗滤液又称渗沥水或渗沥液，是指垃圾在填埋过程中由于发酵、雨水的淋溶和冲刷以及地表水和地下水的浸泡而滤出的污水。垃圾渗滤液具有有机污染物浓度高、氨氮含量较高（厌氧填埋场）、磷含量偏低、金属离子含量较高、总溶解性固体含量较高、色度较高、水质随填埋时间变化较大等特点。5 年以下的渗滤液 pH 较低、BOD_5 和 COD 浓度较高、各种金属离子浓度较高、可生化性较好。5 年以上的渗滤液 pH 高、BOD_5 和 COD 浓度降低、可生化性差、氨氮含量较高、金属离子浓度降低。

描述垃圾渗滤液污染的指标包括 pH、色度、总固体、总溶解性固体、总悬浮固体、硫酸盐、氨氮、凯氏氮、氯化物、磷、BOD_5、COD_{Cr}、电导率等。本实验仅对渗滤液的 pH、色度、NH_3-N、COD_{Cr}、电导率进行测定。

其中，pH 用 pH 计进行测定，色度采用色度仪测定，NH_3-N 采用氨氮测定仪测定，电导率采用电导率测定仪测定。COD_{Cr} 采用 2 h 消解-滴定法测定，计算公式如下：

$$\mathrm{COD_{Cr}}=\frac{C\times\left(V_0-V_1\right)\times 8\times 1\,000}{V} \tag{1}$$

式中：C——硫酸亚铁铵标准溶液的物质的量浓度，mol/L；

V_0——空白滴定时消耗硫酸亚铁铵标准溶液的体积，mL；

V_1——废水样滴定时消耗硫酸亚铁铵标准溶液的体积，mL；

V——废水样的体积，mL。

三、仪器和试剂

（1）仪器：pH 计、氨氮测定仪、色度仪、电导率测定仪。

（2）玻璃器皿：烧杯、$\mathrm{COD_{Cr}}$消解管、25 mL 比色管、锥形瓶。

（3）药品试剂：重铬酸钾、硫酸亚铁铵、试亚铁灵指示剂、浓硫酸、氨氮试剂。

四、实验步骤

1. 实验准备

（1）从垃圾填埋场渗滤液处理站取渗滤液至实验室。

（2）按照仪器说明书熟悉 pH 计、色度仪、氨氮测定仪、电导率测定仪的使用方法和操作注意事项。

2. 实验过程

（1）观察渗滤液水样，定性描述水样的颜色、嗅味特征；

（2）用 pH 计分别测定垃圾渗滤液的 pH；

（3）用电导率测定仪测定垃圾渗滤液的电导率；

（4）用色度仪测定垃圾渗滤液的色度；

（5）用氨氮测定仪测定垃圾渗滤液的氨氮浓度；

（6）采用 2 h 消解-滴定法测定垃圾渗滤液的$\mathrm{COD_{Cr}}$浓度；

取稀释后的水样 10 mL 于加热管中，加入约 0.2 g 硫酸汞，加入 5 mL 0.25 mol/L（$1/6K_2Cr_2O_7$）、加入沸石，混匀；加入 15 mL Ag_2SO_4-H_2SO_4，在 180℃下加热回流 2 h，冷却，加 50 mL 水，加入 3 滴试亚铁灵，用 0.1 mol/L 硫酸亚铁铵滴定，颜色由黄色→蓝绿色→红褐色；记录硫酸亚铁铵标液的用量。

五、实验结果与分析

1. 实验记录

实验结果记录见表 1。

表 1　渗滤液水质监测实验记录

序号	1	2
样品来源		
颜色		
嗅味		
pH		
色度		
氨氮/（mg/L）		
COD_{Cr}/（mg/L）		
电导率/（S/m）		

2. 实验结果分析

分析渗滤液水样的各项污染指标：

（1）分析两种渗滤液的颜色、嗅味、pH、电导率；

（2）计算稀释前垃圾渗滤液的色度和氨氮并进行分析；

（3）计算垃圾渗滤液的 COD_{Cr} 浓度并进行分析。

六、思考题

（1）在垃圾填埋过程中，垃圾渗滤液水质有几个不同的阶段特征，分别列出并说明原因。

（2）列出渗滤液的常用处理工艺及优缺点。

七、注意事项

（1）氨氮、色度测定时需要对原始高浓度渗滤液进行稀释，使之达到量程范围方可进行检测。

（2）仪器使用前应保证 30 min 以上的预热时间。

（3）COD_{Cr} 检测滴定终点前应减缓硫酸亚铁铵溶液滴加的速度，防止超过滴定终点影响数据准确性。

参考文献

[1] 芈振明，高忠爱，祁梦兰，等. 固体废物的处理与处置（第 2 版）[M]. 北京：高等教育出版社，1993.

[2] 聂永丰. 三废处理工程技术手册　固体废物卷[M]. 北京：化学工业出版社，2000.

[3] 奚旦立，孙裕生. 环境监测（第 4 版）[M]. 北京：高等教育出版社，2010.

[4] 梁红，李理. 环境监测[M]. 武汉：武汉理工大学出版社，2015.

[5] 陈善平，赵爱华，赵由才. 生活垃圾处理与处置[M]. 郑州：河南科学技术出版社，2017.

[6] 赵由才，牛冬杰，柴晓利，等. 固体废物处理与资源化（第 3 版）[M]. 北京：化学工业出版社，2019.

[7] 杨治广，朱新峰. 固体废物处理与处置[M]. 上海：复旦大学出版社，2020.

[8] 席北斗. 危险废物填埋场地下水污染风险评估和分级管理技术[M]. 北京：中国环境出版社，2012.

[9] 罗涛. 深圳市宝安区城市生活垃圾特性实验研究及分选方案比选[D]. 武汉：华中科技大学，2008.

[10] 王云霖，党永峰，曾伟生. 东北落叶松不同器官的热值和灰分含量分析[J]. 林业资源管理，2012（3）：100-106.

[11] 陈家钦，刘德红. 厦门市生活垃圾热值监测及其影响因素分析[J]. 环境卫生工程，2010，18（6）：14-15，18.

[12] 杨剑虹，王成林，代亨林. 土壤农化分析与环境监测[M]. 北京：中国大地出版社，2008.

[13] 刘东，喻晓，罗毅，等. 生活垃圾 BDM 检测分析方法优化[J]. 环境卫生工程，2015，23（4）：29-30，34.

[14] 中国环境科学研究院固体废物污染控制技术研究所. 固体废物浸出毒性浸出方法　水平振荡法：HJ 557—2010[S]. 北京：中国环境科学出版社，2010.

[15] 国家环境保护局科技标准司. 污水综合排放标准：GB 8978—1996[S]. 北京：中国标准出版社，1996.

[16] 梁继东. 固体废物处理、处置与资源化实验教程[M]. 西安：西安交通大学出版社，2018.

[17] 周建群，胡君荣. 挥发性固体测试的灼烧条件研究[J]. 江西化工，2009（4）：171-174.

[18] 李秀金. 固体废物工程[M]. 北京：中国环境科学出版社，2003.

[19] 任南琪，王爱杰. 厌氧生物技术原理与应用[M]. 北京：化学工业出版社，2004.

[20] 国家标准物质研究中心. 总有机碳分析：JJG 821—2005[S]. 北京：中国计量出版社，2005.

[21] 常慧敏，杨青惠. TOC-L 总有机碳分析仪测定总有机碳的实验方法[J]. 科技创新与生产力，2017（11）：118-120.

[22] 何海龙，君珊，张学宽. 总有机碳（TOC）分析仪测定土壤中 TOC 的研究[J]. 分析仪器，2014（5）：59-61.

[23] 吴启航，崔明超. 总有机碳分析仪测定常见水的 TOC [J]. 中国测试，2009，35（3）：90-92.

[24] 环境保护部. 水质　总有机碳的测定　燃烧氧化—非分散红外吸收法：HJ 501—2009[S]. 北京：中

国环境科学出版社，2009.

[25] 中国建筑材料科学研究总院. 水泥胶砂中可浸出重金属的测定方法：GB/T 30810—2014 [S]. 北京：中国标准出版社，2014.

[26] 张宏康，王中瑗，黄育杭，等. 不同前处理方法对石墨炉原子吸收光谱法检测食品中铅含量的影响[J]. 食品安全质量检测学报，2018，9（3）：547-551.

[27] 佘佳荣，喻宁华，段俊敏. 不同酸消解体系对微波消解测定土壤中重金属的影响[J]. 湖南林业科技，2017，44（2）：51-55.

[28] 王晨希，黄晶. 微波消解-火焰原子吸收光谱法测定土壤和沉积物中的重金属[J]. 化学分析计量，2018，27（6）：64-68.

第三部分

固体废物的处理处置与资源化实验

微信扫码

- AI智能学习伙伴
- 配套实验视频
- 在线视频课程
- 法律法规讲解

3.1 固体废物减污降碳协同处理

2022 年 6 月，生态环境部、国家发展和改革委员会、工业和信息化部、住房和城乡建设部、交通运输部、农业农村部、国家能源局七部门联合印发《减污降碳协同增效实施方案》。方案中提出推进固体废物污染防治协同控制，固体废物等污染防治领域协同治理水平显著提高。

固体废物减污降碳协同处理的方向包括：

1）强化资源回收和综合利用，加强“无废城市”建设。

2）推动煤矸石、粉煤灰、尾矿、冶炼渣等工业固体废物资源利用或替代建材生产原料，到 2025 年，新增大宗固体废物综合利用率达 60%，存量大宗固体废物有序减少。

3）推进退役动力电池、光伏组件、风电机组叶片等新型废弃物回收利用。

4）加强生活垃圾减量化、资源化和无害化处理，大力推进垃圾分类，优化生活垃圾处理处置方式，加强可回收物和厨余垃圾资源化利用，持续推进生活垃圾焚烧处理能力建设。

5）减少有机垃圾填埋，加强生活垃圾填埋场垃圾渗滤液、恶臭和温室气体协同控制，推动垃圾填埋场填埋气收集和利用设施建设。

6）因地制宜稳步推进生物质能多元化开发利用。禁止持久性有机污染物和添汞产品的非法生产，从源头减少含有毒有害化学物质的固体废物产生。

3.2 固体废物处理处置方法

3.2.1 预处理方法

（1）压实

压实也称压缩，即通过外力加压于松散的固体物质上，缩小其体积，增大其容量，以便装卸、运输、贮存和填埋的一种操作方法。

压实机械分为固定型压实器和移动型压实器两种。定点使用的压实器称为固定型压实器，如用于收集或转运站装车的压实器。带有行驶轮或可在轨道上行驶的压实器称为移动型压实器，常用于废物处置场所。压实器按结构可分为水平压实器、三向垂直压实器、回转式压实器。

（2）破碎

固体废物的破碎是指利用外力克服固体废物质点间的内聚力而使大块固体废物分裂

成小块固体废物的过程。

固体废物处理工程中常用的 3 种典型破碎机械：锤式破碎机、剪切破碎机、颚式破碎机。其中，锤式破碎机属于冲击磨切型破碎机，适用于较大规模的垃圾破碎工程，安装时需采取防震、隔声措施；剪切破碎机是利用一组固定刀刃与一组（或两组）活动刀刃之间的剪切作用来完成垃圾的破碎过程，适用于松散片、条状废物的破碎；颚式破碎机属于挤压型破碎机械，适用于破碎中等硬度脆性材料。

（3）分选

分选指的是基于物质粒度、密度、颜色、磁性、静电感应等的不同，采用筛分、重力分选、光选、磁选、静电分选等方法将混杂的固体废物按类别分开的方法。固体废物分选分为人工分选和机械分选，机械分选技术与设备种类较多，应用范围较广，表 3-1 列出了 3 种常用的分选方法、机械设备和应用条件。

表 3-1　常用的分选技术设备与应用评述

分选技术	分选设备	应用评述
风力分选	水平风选机、垂向风选机	利用垂直或水平气流分选轻质可燃物，可用于重组分中金属、玻璃等物质的分选，适用于大规模垃圾转运站和处置场
磁选	吸持型磁选机、悬吸型磁选机	利用各种物料磁性差异，在不均匀磁场中实施分选，适用于大规模工业固体废物与城市垃圾转运站与填埋场
筛分	旋转圆筒型筛分器、振动平板筛	利用振动或滚动作用，将固体废物由筛孔分离，主要适用于垃圾堆肥后熟肥中碎玻璃的筛分

（4）脱水

固体废物的脱水常用于高湿废物（如污泥、赤泥、畜禽粪便等）的处理。凡是含水率超过 90%的固体废物，都需要先进行脱水减容的预处理，以便包装、运输与资源化利用。固体废物脱水的常用方法有浓缩脱水、机械过滤脱水、泥浆自然干化脱水。

3.2.2　处理处置方法

（1）焚烧

焚烧过程是将可燃性固体废物在高温下发生有氧燃烧反应，使其氧化分解，达到减容、去除毒性并回收能源的目的。现阶段，焚烧是一种应用范围最广的固体废物处理技术。此种处理技术主要被应用在有机废物的处理操作中，有时也被应用在无机废物处理操作中。目前我国垃圾中含有大量的食物残渣，热值比较低，焚烧效率低。

（2）热解

热解是将有机物在无氧或缺氧的状态下加热，并由此产生热作用引起化学分解使之成为气态、液态或固态可燃物质的化学分解反应。热解是一种常见的固体废物处理方法，可将复杂的有机物质分解为带有固体残留物的碎片，最终形成焦炭、油品和气体 3 种产物，过程操作简单，拥有很好的工业应用前景。此外，热解技术可将大部分碳固定在产品中，相较于焚烧处置固体废物物可减少碳排放 50%～60%。因此，热解处理有机固体废物既可以实现对资源的高效利用和可持续发展，又能助力碳减排。

（3）堆肥

堆肥是利用微生物在有氧或无氧条件下降解固体废物的过程，因而分为好氧堆肥和厌氧堆肥。该项技术主要被应用在生活垃圾处理中。经由堆肥操作所产生的物质既可充当土壤改良剂，又可充当有机肥。由此可知，该项处置技术可将有机废物还原到自然生态环境中，是最为合理的技术处理手段，通常将其列入再生循环技术范畴。

（4）填埋

填埋是利用工程手段，采取有效技术措施，防止渗滤液及有害气体对水体、大气和土壤环境的污染，使整个填埋作业及废物稳定过程对公共卫生安全及环境均无危害的一种土地处置废物的方法。填埋法是最早的城市垃圾处理方法，也是现阶段应用最广泛的方法之一，优点是操作简便、处理成本低、处理量大、应用范围广等。

3.3 固体废物资源化利用方式

3.3.1 生活垃圾资源化利用方式

（1）可回收物回收利用

生活垃圾中含有的废纸、废橡胶、塑料、玻璃、纺织品等，都是有用的原材料，通过适当的组合处理工艺，可以一一得到加工、分选与回收。

例如，目前生活垃圾中塑料回收技术可分为直接再生和改性再生。塑料的直接回收是通过清洗、破碎、烘干等预处理后将塑料造粒，根据后端产品需求将塑料颗粒制成不同产品。塑料的改性再生是将废塑料经热裂解改性，再用催化剂催化裂解，得到工业用油。

（2）生物转化

生活垃圾中含有多种可生物降解性有机物，经过处理与物料分选回收，此类有机物进一步富集于轻组分之中，有利于生物转化处理。通过生物转化过程，可获得腐殖肥料、沼气或其他生物化学转化产品，如饲料蛋白、乙醇和糖类等。生物转化工艺主要包括堆肥化和厌氧生物发酵技术。

生物转化技术是固体废物资源化的有效技术方法，目前我国应用比较广泛的有堆肥、制沼气、废纤维素制糖、废纤维生产饲料、生物浸出等。

（3）焚烧

生活垃圾中含有较多的可燃物质，应用焚烧技术处理回收热资源是城市垃圾资源化的又一重要途径。垃圾焚烧后产生的热能可用于发电供热，实现资源的综合利用。

目前焚烧已正式超过填埋成为我国垃圾无害化处理的主流方式。近年来，由于我国陆续颁发多部政策支持垃圾发电行业发展、投入财政补贴及制订相关发展规划，同时城镇化建设不断推动城乡生活垃圾收运体系日益完善，以及垃圾焚烧发电技术取得进步并得到大力推广，使我国垃圾发电行业高速发展并实现了大规模扩张，我国生活垃圾焚烧发电项目投入生产数量不断增多，装机规模也迅速增长。

3.2.2 工业固体废物常见资源化利用方式

目前，我国利用钢渣、粉煤灰、脱硫石膏、煤矸石、尾矿等大宗工业固体废物制备绿色无水泥熟料或少水泥熟料胶凝材料，已成功开发出能够在胶结填充采矿，C30、C40、C50、C60 预拌泵送高性能混凝土，重金属固化，各种砖、砌块、混凝土预制件等不同领域广泛替代水泥的系列化胶凝材料产品。

1）粉煤灰制备建筑材料。制备混凝土矿物掺合料、地质聚合物、陶粒。粉煤灰建材化利用需要研发新工艺以提高粉煤灰的利用率，降低粉煤灰堆积带来的环境影响。

2）脱硫石膏制备建筑材料。生产硫铝酸盐水泥、硅酸盐水泥缓凝剂、混凝土矿物掺合料。总体来看，将脱硫石膏用于建材行业是完全可行的，应用前景广阔。但是，目前仍需突破脱硫石膏的高效低成本提纯工艺和大掺量条件下胶凝体系的体积稳定性。

3）煤矸石制备建筑材料。用于生产水泥、混凝土矿物掺合料、混凝土骨料、烧制陶粒、制备烧结砖。煤矸石在建筑材料领域的综合利用方式主要取决于其矿物组成。

4）铁尾矿制备建筑材料。煅烧水泥熟料、混凝土骨料、混凝土矿物掺合料。铁尾矿用于制备绿色低碳建筑材料是目前铁尾矿综合利用的主流方向。

3.2.3 农业固体废物常见资源化利用方式

（1）秸秆农业固体废物资源化利用方式

农业废弃物资源化广度利用，主要是参与农业再次生产的循环过程，可以通过将农业废弃物用作肥料、饲料和燃料的方式；其深度利用是通过对秸秆及杂草的加工，使其成为工业原料进一步生产相关化工产品，如造纸、制造纤维板等。

受我国不同地区差异化的自然地理区位环境的影响，不同地区的秸秆利用方式也存在较大差异。以甘肃、青海两省为代表的畜牧业发达的西北地区，在一定程度上推动了秸秆饲料化利用模式的应用。我国西南地区，以贵州省为例，因大面积种植玉米而产生大量秸秆剩余，将过剩的秸秆转变为肥料是该地区主要的秸秆处理方式，其中，大约有81%的秸秆过腹还田，4%的秸秆直接还田，剩余秸秆利用于堆沤还田及草木灰还田等方面。而肥料化及饲料化的秸秆利用模式则多存在华北、河北、内蒙古等地区。北京市主要鼓励将秸秆粉碎后直接还田使用。在山西省，在秸秆肥料化的基础上，同时辅以专业技术人员专业指导，进一步在秸秆利用上提效。华东地区主要的玉米种植大省——山东省，将秸秆进行肥料、饲料、能源、生物转化以及工业化等多方转化应用。

（2）畜禽粪便农业固体废物资源化方式

目前，畜禽粪便资源化利用技术主要分为肥料化利用、能源化利用、饲料化利用3种。

1）肥料化利用。此种利用方式是最广泛、最简单的。粪便中含有的氮、磷、钾等丰富的无机质，是农作物生长所必需的营养物质，合理使用粪便可以减少化肥等的施用。另外，将粪污肥料化利用在土壤中，可以有效改善土壤的结构，减少土壤的板结、增加农作物产量和质量。目前在肥料化利用中较为常见的是粪污直接还田、粪污堆肥后还田、粪污进行发酵制作成有机肥料后利用等。

2）能源化利用。通过微生物的代谢对粪污进行厌氧发酵，利用微生物将粪污中的有机物转换为可以利用的优质燃料——甲烷和二氧化碳，最终转化为燃气、电力等能源，在实现粪污无害化处理的基础上，提供优质能源，达到减少粪污排放、保护环境、增加可利用能源的目的。目前，粪污能源化利用的技术主要有3种，分别是沼气法、气化法和发电利用法，每种技术均有其适用性和优缺点。

3）饲料化利用。畜禽粪便可以作为饲料资源利用的基础。饲料化利用是粪污中含有较多未被动物消化吸收的营养物质（70%），通过微生物的分解、干燥等将其中的营养物质提取出来，从而制作成具有饲喂价值的动物饲料。目前可以通过处理后直接饲喂、青贮、干燥法、分解法4种方式进行饲料化利用。

3.4 实验内容

本书编写的固体废物处理处置与资源化实验共9项，分别为：

实验一　城市固体废物破碎及筛分实验

实验二　污泥脱水性能的测定

实验三　生活垃圾好氧堆肥实验

实验四　餐厨垃圾厌氧发酵实验

实验五　飞灰的药剂稳定化实验

实验六　有害固体废物的固化处理

实验七　固体废物焚烧和热解实验

实验八　有机污染土壤的热脱附实验

实验九　固体废物（铬渣）的热解无害化实验

实验一　城市固体废物破碎及筛分实验

（实验学时：4学时；编写人：王东梅；编写单位：西南交通大学）

操作视频

一、实验目的

固体废物一般成分复杂且不均匀、体积庞大，为了使它适于运输、资源化处理或最终处置，需要对其进行预处理。破碎就是通过人力或机械等外力的作用，破坏物体内部的凝聚力和分子间作用力而使物体破裂变碎，减小固体废物的颗粒尺寸，使原来不均匀的固体废物在破碎或粉磨之后达到均匀一致。筛分是固体废物分选的手段之一，就是把固体废物中可回收利用的或不利于后续处理、处置工艺要求的颗粒分离出来。在进行固体废物资源化处理时，需要对破碎或磨碎后的废料进行粒度的分选和颗粒级配的测定。所以破碎、筛分是固体废物处理方法中必不可少的预处理工艺，也是固体废物处理工程中重要的处理环节。

通过本实验预达到以下目的：

（1）了解固体废物预处理的基本方法和特点；

（2）了解固体废物破碎和筛分的目的；

（3）熟悉常用破碎、筛分设备及其操作使用；

（4）掌握筛分曲线的测定和绘制方法。

二、实验原理

固体废物破碎是利用外力克服固体废物质点间的内聚力而使大块固体废物分裂成小块的过程。

固体废物的破碎按原理有物理方法和机械方法。物理方法主要有低温冷冻粉碎和超声波粉碎两种方法；机械方法有挤压、劈裂、弯曲、冲击、磨剥和剪切破碎等方法。常用的破碎机类型有颚式破碎机、冲击式破碎机、锤式破碎机、反击式破碎机、辊式破碎机、剪切式破碎机和球磨机等。

筛分是利用筛子使物料中小于筛孔的细粒物料透过筛面，而大于筛孔的粗粒物料留在筛面上，完成粗、细料分离的过程。该分离过程可看作由物料分层和细粒透筛两个阶段组成。物料分层是完成分离的条件，细粒透筛是分离的目的。固体废物处理处理中最常用的筛分设备有以下几种类型：固定筛、滚筒筛、振动筛和共振筛等。一般实验室多用振动筛进行筛分。

在工程设计中，破碎比常采用废物破碎前的最大粒度（D_{max}）与破碎后的最大粒度（d_{max}）之比来计算［见式（1)］。这一破碎比称为极限破碎比。通常，根据最大物料直径来选择破碎机给料口的宽度。

$$I = \frac{D_{max}}{d_{max}} \tag{1}$$

式中：I——固体废物极限破碎比；

D_{max}——破碎前的最大粒度，mm；

d_{max}——破碎后的最大粒度，mm。

在科研理论研究中固体废物破碎比常采用废物破碎前的平均粒度（D_{cp}）与破碎后的平均粒度（d_{cp}）之比来计算［见式（2)］。

$$i = \frac{D_{cp}}{d_{cp}} \tag{2}$$

式中：i——固体废物破碎比；

D_{cp}——破碎前的平均粒度，mm；

d_{cp}——破碎后的平均粒度，mm。

这一破碎比称为真实破碎比，能较真实地反映固体废物的破碎程度。

三、仪器与材料

（1）颚式破碎机或辊式破碎机；

（2）振动筛分机，含标准分样筛 1 套；

（3）电子天平：最大称量为 1 kg，精度为 0.01 g；

（4）恒温干燥箱：工作温度为室温至 250℃；

（5）小铲、钉锤、取样勺、瓷盘、毛刷、烧杯等辅助工具；

（6）废弃建筑垃圾，如砖瓦、瓷砖等；

（7）手套、口罩等防护用品。

四、实验步骤

（1）取约 1 kg 的固体废物进行手工分拣，将废物中的铁块以及其他可见杂质拣出，以免损坏破碎设备。

（2）若块状的固体废物粒度大于破碎机的最大给料尺寸 100 mm×60 mm，则先用钉锤进行人工破碎，使物料粒度小于 60 mm。

（3）检查颚式破碎机各个部件均无故障后，进行给料口的清扫，并将接料斗安装好。

（4）开启破碎机，用小铲将物料均匀加入给料口盖好盖子，当加料口物料全部破碎后，才可关闭破碎机。静等 2 min 后，取出破碎好的物料。

（5）取固体废物粉样放在瓷盘中，置于 105℃恒温干燥箱中烘干，冷却至室温备用。

（6）称取冷却后的物料样 500 g，选用一组筛子过筛。筛子按筛孔从大到小顺序堆叠放入筛分机筛分物料。

（7）精确称量在各个筛上的筛余试样的质量（精确至 0.01 g），所有各筛的筛余质量与筛底剩余质量之和与筛分前的试样总质量相比，其差值不应超过 1%。

（8）试样在各号筛上的筛余质量不得超过 200 g，否则应将试样分成 2 份进行筛分，并以其筛余量之和作为该号筛的筛余质量。

（9）筛分实验采用 2 个试样进行，以 2 次结果的算术平均值作为测定值。

（10）将上述所求得的各项数值填入表 1 中。

五、数据记录与处理

（1）实验结果记录见表 1。

表 1　破碎筛分实验记录

筛号/目	筛孔孔径/mm	筛余物质量/g			该号筛上的累计筛余物料质量/g
		试样 1	试样 2	测定值	

（2）计算实验用各号筛上的筛余百分率，即各号筛上的筛余量除以试样总质量的百分率（精确至 0.1%）。

（3）计算各号筛上的累计筛余百分率，即各号筛上的筛余与大于该号筛上的筛余百分率之和（精确至 0.1%）。

（4）以累计筛余百分率为纵坐标、筛孔尺寸为横坐标，绘制筛分曲线。

六、思考题

（1）简述固体废物破碎的目的和各种破碎机的特点。

（2）简述破碎比和固体废物平均粒度的计算方法。

（3）筛分效率的影响因素有哪些?

七、注意事项

（1）启动破碎设备前需仔细检查破碎机是否处于安全状态，实验过程中应做好个人防护，破碎结束关闭设备后方可将破碎后的样品取出。

（2）筛号与筛孔孔径对照见表 2，可根据实验具体条件选择分样筛。

表 2　筛号与筛孔孔径对照

筛号/目	10	20	40	60	80	100	120	140	160	180	200	240
筛孔孔径/mm	2	0.9	0.46	0.3	0.2	0.154	0.125	0.105	0.098	0.088	0.074	0.065

实验二 污泥脱水性能的测定

（实验学时：4学时；编写人：张爱平；编写单位：四川师范大学）

一、实验目的

我国污水处理厂所产生的污泥大部分没有得到妥善处理，污泥随意堆放及所造成的污染与再污染问题已经凸显，并且引起了国家的重视和社会的关注。要实现污泥的减量化、稳定化、无害化和综合利用，达到节能减排和发展循环经济的处置目标，污泥脱水是关键，其中板框压滤脱水、离心脱水越来越广泛地应用于污水处理厂污泥处置工程项目中。而污泥调质药剂和滤布的筛选对于污泥深度脱水至关重要。

污水处理过程中会产生大量的污泥，其数量占处理水量的0.3%～0.5%（以含水率为97%计）。污泥脱水是污泥减量化中最经济的一种方法，是污泥处理工艺中的一个重要环节，其目的是去除污泥中的间隙水和毛细水，降低污泥的含水率，为污泥的最终处置创造条件。脱水的方法以机械脱水为主。机械脱水是以过滤介质两边的压力差为推动力，使水分强制通过过滤介质成为滤液，固体颗粒被截留为滤饼，从而达到脱水的目的。根据造成压力差推动力的方法，可以将污泥机械脱水分为常规的3类：在过滤介质的一面形成负压进行脱水，即真空吸滤脱水；在过滤介质的一面加压进行脱水，即压滤脱水；造成离心力实现泥水分离，即离心脱水。实际工程中，以压滤脱水和离心脱水较为常用。

通过本实验预达到以下目的：

（1）了解影响污泥脱水的主要因素；

（2）掌握污泥压滤脱水的基本方法和相关操作；

（3）掌握污泥离心脱水的基本方法和相关操作；

（4）掌握污泥压滤脱水、离心脱水性能的差异及适用条件。

二、实验原理

1. 污泥脱水性能的评价指标

污泥比阻和毛细吸水时间作为污泥脱水性能最重要的两个指标，被广泛应用于污泥脱水行业中。但是实践反复证明，这两个指标都存在一定局限性，不适用于板框压滤机污泥脱水。污泥比阻测试采用的是中速定性滤纸，其孔径远小于污泥脱水滤布；而毛细吸水时间衡量的是污泥胶体中自由水的外渗速度，适用于带式压滤机和离心机污泥脱水药剂选型，但是板框压滤机污泥脱水要去除污泥毛细水，甚至结合水和吸附水，因此污泥毛细吸水时间这一指标也不适用。为直接反映污泥的离心性，可以用离心后上清液的体积、离心后上清液的浊度这两个指标来衡量污泥的脱水性能，但这两个指标目前还没有标准的测试方法。本实验采用测试较稳定、方便的泥饼含水率作为污泥脱水性能的评价指标。

2．影响污泥脱水性能的因素

影响污泥脱水性能的因素很多，包括污泥水分的存在方式和污泥的絮体结构（粒径、密度和分形尺寸等）、电势能、pH 以及污泥来源等。

（1）污泥颗粒因富含水分，拥有巨大比表面积和高度亲水性。结合水与固体颗粒之间存在着键结，活性较低，需借助机械力或化学反应才能除去。

（2）污泥粒径是衡量污泥脱水效果最重要的因素。一般来讲，细小污泥颗粒所占比例越大，脱水性能就越差。污泥密度是描述污泥质量与体积关系的参数。污泥密度有两种表达方式：一种是颗粒密度，用于描述单个颗粒的质量与体积之比；另一种是容积密度（容重），用以描述污泥颗粒群体的质量与体积之比。其中，容积密度是指单位体积污泥的质量，由于压实和有机物的降解作用，沉积时间越长的污泥，致密度越高、容积密度越大。分形尺寸是絮体结构量化的表示，用以描述颗粒在团块中的集结方式，与粒径成正比关系。分形尺寸越大（最大值为 3），絮体集结得越紧密，也就越容易脱水。

（3）污泥的电势越高，对脱水越不利。

（4）酸性条件下，污泥的表面性质会发生变化，其脱水性能也随之发生变化。研究发现，pH 越低，则离心脱水的效率越高。对于过滤脱水，当 pH 为 2.5 时，能得到含固率最高的泥饼。

（5）不同来源的污泥，组成成分不同，脱水性能也不同。例如，初沉污泥主要由有机碎屑和无机颗粒物组成，剩余污泥则是由多种微生物形成的菌胶团、与其吸附的有机物和无机物等组成的集合体，活性污泥是由有机颗粒包括平均粒径小于 0.1 μm 的胶体颗粒、0.1～100 μm 的超胶体颗粒及由胶体颗粒聚集的大颗粒等组成的，所以比阻值最大，脱水也困难。

三、实验设备与材料

污泥取自污水处理厂的浓缩污泥调蓄罐。实验前测定污泥试样的 pH 及含水率。

酸处理药剂选用硫酸，配制成 10%（质量分数）的溶液待用；调 pH 所用的碱是氢氧化钠、氢氧化钙、氧化钙，氢氧化钠配制成 30%（质量分数）的溶液，氢氧化钙、氧化钙配制成 10%（质量分数）的溶液待用。有机絮凝剂为一种阳离子 PAM，离子度 40%，相对分子质量为 800 万～900 万。

实验仪器：过滤脱水装置为板框压滤模型机；离心脱水装置可选择低速离心机；酸度计。

四、实验步骤

1．板框压滤脱水实验

取浓缩污泥 3000 mL 于烧杯中，加定量的硫酸酸化，快速搅拌 30 s，慢速搅拌 2 min，酸化时间为 5 min；为了防止对设备的腐蚀，再加碱（实验中可选用氢氧化钠、氢氧化钙或氧化钙）调 pH 至 6；再加阳离子 PAM 使污泥形成矾花，酸化及絮凝反应均在烧杯中进行。将污泥倒入模型机的污泥储蓄罐中，手动搅拌，开始污泥进料，进料压力为 7×10^5 Pa，空气使污泥进入板框；进料完毕后开始薄膜压榨（压力为 7×10^5 Pa），压榨时间为 30 min。手动卸压，开启板框，取出泥饼，测定含水率。

就板框压滤脱水过程而言，短压榨时间得到的泥饼含水率高低表征了污泥脱水速率的慢与快，短压榨时间得到的污泥泥饼含水率越低，说明过滤速率越快；长压榨时间（以观察不到有滤出水流出为准）得到的泥饼含水率表征了污泥的可脱水程度，当再没有滤出水流出时，可以认为机械脱水达到了极限，此时泥饼含水率越低，说明污泥可脱水程度越高。

2．离心脱水实验

将 100 mL 浓缩污泥加到 250 mL 烧杯中，预处理操作与板框压滤脱水实验中所述一致，经过预处理的污泥在 1 500 r/min 下离心 2 min（离心速率和离心时间可根据实际情况做适当调整），倾倒上清液，取泥饼 5～10 g 测定其含水率。

五、数据记录与处理

（1）板框压滤脱水实验确定脱水速率。分别对活性污泥进行处理，一组只加阳离子 PAM，另一组经硫酸酸化后加 PAM，压榨时间为 10 min，比较泥饼的含水率以确定脱水速率，结果记录在表 1 中。

（2）离心脱水实验。使用低转速 1 500 r/min、短时间 2 min 离心后的泥饼用来评价离心脱水速率，用高转速 3 800 r/min 下长时间 30 min 离心后泥饼含水率来评价可脱水程度，结果记录在表 2 中。

（3）分析酸处理对污泥脱水性能的影响。

表 1 不同加药方案压滤脱水效果

加药方案（投量和时间可根据实际经验、污泥样品做适当调整）	泥饼含水率/%
	压滤 10 min
空白（浓缩污泥）	
只加阳离子 PAM 0.5%	
硫酸 8.5%，阳离子 PAM 0.5%	
硫酸 8.5%，加碱调 pH 至 6，阳离子 PAM 0.5%	

表 2 不同加药方案离心脱水效果

加药方案（投量和时间可根据实际经验、污泥样品做适当调整）	泥饼含水率/%	
	3 800 r/min，离心 30 min	1 500 r/min，离心 2 min
空白（浓缩污泥）		
只加阳离子 PAM 0.5%		
硫酸 8.5%，阳离子 PAM 0.5%		
硫酸 8.5%，加碱调 pH 至 6，阳离子 PAM 0.5%		

六、思考题

（1）在污泥中加入混凝剂的目的及混凝的原理是什么？

（2）使用不同的酸、碱进行 pH 调节对结果是否有影响？

（3）离心机的使用有哪些注意事项？

（4）对于不同的污泥样品，压滤脱水和离心脱水性能的差异和适用条件如何？

七、注意事项

（1）污泥中加混凝剂后应充分混合，特别是 PAM 要缓慢加入，且边加边充分搅拌，方能形成矾花。

（2）取活性污泥混合液时，可取不同部位的混合样，尽量能代表整个池子的平均污泥浓度。

实验三　生活垃圾好氧堆肥实验

（实验学时：6 学时；编写人：张胜利；编写单位：西南交通大学）

一、实验目的

生活垃圾的处理方式主要包括焚烧、卫生填埋、厌氧消化和好氧堆肥。其中，好氧堆肥具有技术成熟、占地少、堆制周期短、能杀死有害病菌并获得有机肥料等优点。近年来，作为一种重要的有机固体废物的生物转换技术，好氧堆肥已成为厨余垃圾和农林废弃物资源化处理与利用的重要手段。

通过本实验预达到以下目的：

（1）掌握有机垃圾好氧堆肥的过程和原理；

（2）了解好氧化堆肥的影响因素和控制措施。

二、实验原理

堆肥化是在一定的人工条件下，依靠自然界广泛分布的细菌、放线菌、真菌等微生物，以及人工培养的工程菌等，有控制地促进可生物降解的有机物向稳定的腐殖质转化的生物化学过程，其实质是一种生物代谢过程。堆肥化的产物称堆肥，它是一类棕色的、泥炭般的腐殖质含量很高的疏松物质，也称“腐殖土”。

根据堆肥化过程中氧气的供应情况，可以把堆肥过程分成好氧堆肥和厌氧堆肥。

好氧堆肥（又称高温堆肥），是在通气条件好、氧气充足的条件下，通过好氧微生物的代谢活动将堆肥原料中的有机物分解转为化简单而稳定的腐殖质的过程。其优点表现为占地少、堆制周期短、能杀死有害病菌和植物种子。

好氧堆肥的反应原理如图 1 所示。在好氧堆肥过程中，微生物通过同化和异化作用，把一部分有机物氧化成简单的无机物，并释放出能量；把另一部分有机物转化合成新的细胞物质，供微生物生长繁殖。

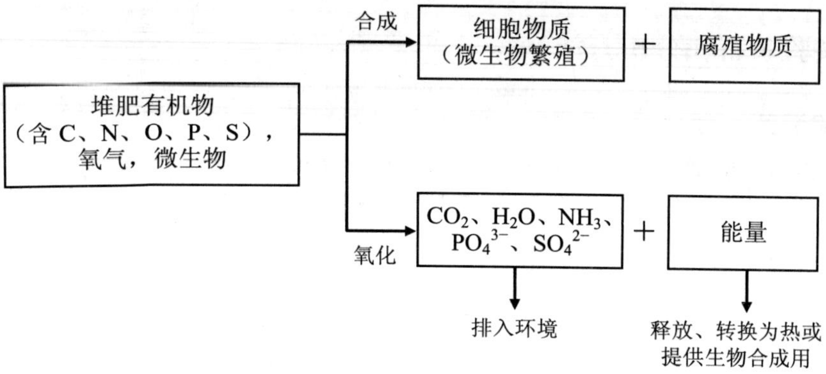

图1 好氧堆肥反应原理

一个完整的好氧堆肥过程包括升温阶段、高温阶段、降温阶段和腐熟阶段。

（1）升温阶段。堆层温度为15～45℃，嗜温菌活跃，以细菌、真菌、放线菌为主。可溶性糖类、淀粉等消耗迅速，温度不断升高。

（2）高温阶段。堆层温度升至45℃以上，不到一周可达65～70℃，随后又逐渐降低。其中50℃左右，嗜热性真菌和放线菌活跃；60℃左右，嗜热性放线菌和细菌活跃，真菌几乎完全停止活动；大于70℃时，对大多数嗜热性微生物已不适宜，微生物大量死亡或进入休眠状态。

（3）降温阶段。在此阶段，中温微生物又活跃起来，重新成为优势菌，对残余的较难分解的有机物作进一步分解，腐殖质不断增多且稳定化。

（4）腐熟阶段。当温度下降并稳定在40℃左右时，堆肥基本达到稳定，进入腐熟阶段。此时，需氧量极大减少，物料间空隙率增大，氧扩散能力强，含水率降低，只需自然通风。

影响好氧堆肥的因素很多，其中通风量、堆料含水率、温度是最主要的发酵条件。另外，堆肥有机质含量、粒度、碳氮比、碳磷比、pH等对堆肥过程也有影响。

三、实验仪器和材料

（1）好氧堆肥装置；

（2）恒温干燥箱；

（3）电子天平；

（4）破碎机；

（5）便携式O_2/CO_2测定仪；

（6）厨余垃圾（取自学校食堂或居民小区，包括各种蔬菜、水果的根、茎、叶、皮、核等，以及少量剩饭、剩菜）；

（7）手套、口罩等防护用品。

四、实验装置和分析方法

1. 实验装置

实验装置由反应器主体、强制通风供气系统和渗滤液分离收集系统 3 部分组成，如图 2 所示。

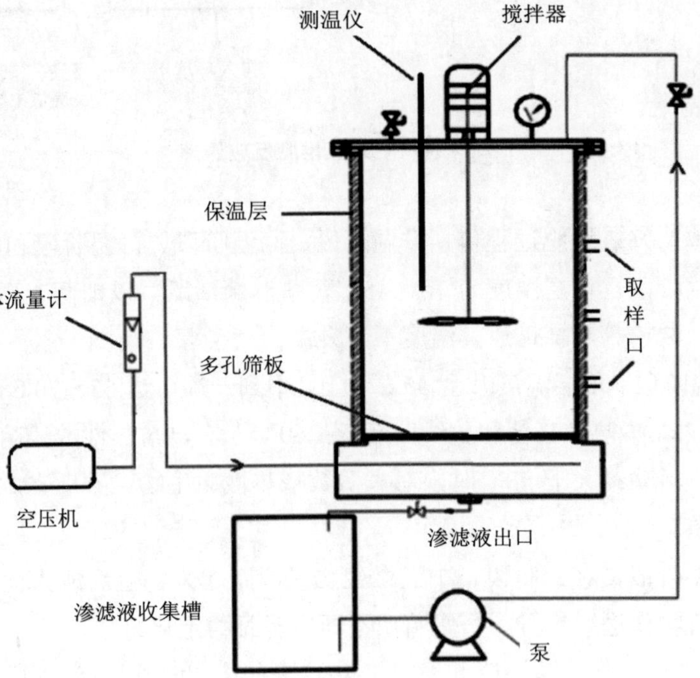

图 2　好氧堆肥实验装置

（1）反应器主体

实验的核心装置是一次发酵反应器，由有机玻璃或不锈钢制成罐，内径为 350 mm，高为 500 mm，总容积约 48 L。反应器侧面设有采样口，可定期采样。反应器顶部设有气体收集口，可定时收集反应器内的气体样本。此外，反应器上还配有测温装置等。

（2）强制通风供气系统

空压机产生的气体，经过气体流量计定量后从反应器底部供气。供气管为直径 10 mm 的蛇皮管。为了达到相对均匀供气，把供气管在反应器内的部分加工为多孔板。

（3）渗滤液分离收集系统

反应器底部设有多孔板，以分离渗滤液。多孔板用有机玻璃制成，板上布满直径为 5 mm 的小孔。以多孔板下部的集水区底部为锥面，可随时排出渗滤液。渗滤液储存在渗滤液收集槽中，以调节堆肥物含水率。

2. 测定项目分析方法

参照《生活垃圾采样和分析方法》(CJ/T 313—2009)，采用重量法测定垃圾含水率；排气中 O_2 和 CO_2 含量采用便携式 O_2/CO_2 测定仪测定。

五、实验步骤

（1）从学校学生食堂或居民小区收集厨余垃圾，切碎成 1～2 cm。

（2）测定有机垃圾的含水率。

（3）取破碎后的有机垃圾（约 30 kg）装入反应器中，盖好上盖，启动气泵通气。通风量控制在 1 m^3/（h·t 物料） 左右。

（4）在堆肥开始第 1 天、第 3 天、第 5 天、第 8 天、第 10 天、第 15 天、第 20 天和第 30 天分别取样测定堆体的含水率，记录堆体中央温度，测定排气中 O_2 和 CO_2 含量。

（5）调节通风量分别为 2 m^3/（h·t 物料）、3 m^3/（h·t 物料），重复实验步骤（1）～步骤（4）。

六、数据记录与处理

（1）记录堆肥过程中堆体的含水率、中央温度以及排气中 O_2 和 CO_2 的含量，填入表 1 中。

表 1 好氧堆肥实验数据记录 通风量：____ m^3/（h·t 物料）

时间	含水率/%	温度/℃	CO_2/%	O_2/%
第 1 天				
第 3 天				
第 5 天				
第 8 天				
第 10 天				
第 15 天				
第 20 天				
第 30 天				

（2）绘制堆体温度随时间变化的曲线。

七、思考题

（1）好氧堆肥的原理是什么？

（2）堆体含水率和通风量对堆肥过程有何影响？

实验四　餐厨垃圾厌氧发酵实验

（实验学时：8 学时；编写人：张胜利；编写单位：西南交通大学）

一、实验目的

在我国餐厨垃圾规范化管理的背景下，多数城市的餐厨垃圾均采用厌氧消化处理技术，因此厌氧消化技术已成为餐厨垃圾处理行业的主流技术。该技术通过厌氧微生物的新陈代谢，可将物料分解转化为甲烷、CO_2 及发酵残余物，其中产出的甲烷经沼气净化系统净化除杂后，可以进行热电联产利用；发酵残余物通过稳定化处理后，可作为高品质的有机肥料或饲料。

通过本实验预达到以下目的：

（1）掌握厌氧消化的基本原理和工艺流程；

（2）了解餐厨垃圾厌氧发酵过程主要工艺参数对产气性能的影响。

二、实验原理

厌氧发酵也称厌氧消化，是指在厌氧条件下，通过多种厌氧微生物（包括水解产酸菌、产氢产乙酸菌、食乙酸产甲烷菌、食氢产甲烷菌等）的新陈代谢，使有机固体废物中的易腐生物质部分降解转化为甲烷、CO_2 及无腐败性残渣的过程，如图 1 所示。

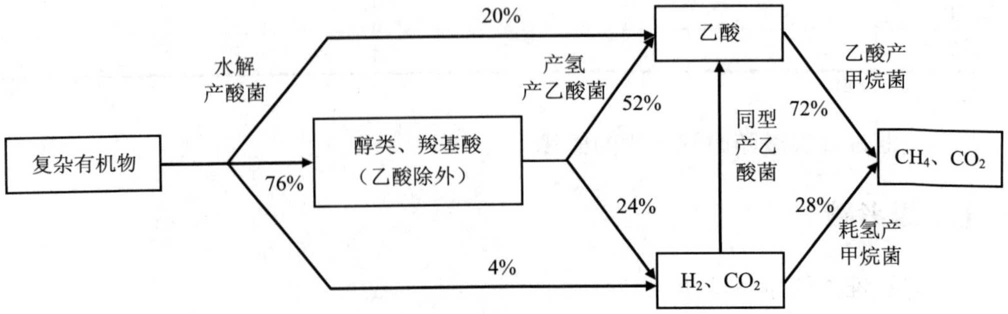

图 1　有机固体废物厌氧发酵过程

有机固体废物的厌氧发酵过程分为 3 个阶段，即水解阶段、产氢产乙酸阶段和产甲烷阶段。其中水解阶段是指纤维素分解菌、脂肪分解菌和蛋白质分解菌等微生物将非溶解性的含氮有机物（如蛋白质、死菌体和其他动植物残渣等）和碳氢类有机物（如淀粉、纤维素、半纤维素等糖类物质、脂类物质和醇类等）转化为溶解性的醇类和各种有机酸的生化反应过程。这一阶段产酸速率很快，致使料液 pH 迅速下降。产氢产乙酸阶段是指醋酸分解菌和产氢菌利用水解酸化反应过程产生的醇类和有机酸等可溶性物质作为电子供体，最终产生乙酸或氢气的过程。产甲烷阶段是指甲烷菌利用乙酸、H_2 和 CO_2 生成甲烷气体的过程，此阶段料液 pH 上升，标志着固体有机垃圾的彻底降解和清消。

影响厌氧消化的主要因素有碳氮比、酸碱度、氧化还原电位（Eh）、温度、水分、有机负荷量、有毒物质等。其中 Eh 应维持在−300 mV，C/N 以（20～30）∶1 为宜；水解产酸菌及产氢产乙酸菌对 pH 的适应范围为 5～6.5，而甲烷菌对 pH 的适应范围为 6.6～7.5。在环境条件中，温度影响较为显著。根据温度的不同，可以把发酵过程分为中温发酵（30～36℃）和高温发酵（50～53℃）。

三、实验仪器和材料

（1）恒温干燥箱；

（2）电子天平；

（3）破碎机；

（4）水浴锅；

（5）马弗炉；

（6）气相色谱仪；

（7）pH 计；

（8）总有机碳分析仪；

（9）凯氏定氮仪；

（10）餐厨垃圾（取自学校食堂）；

（11）接种物（采用城市污水处理厂厌氧剩余污泥作为接种物，取回后密封保存于 4℃冰箱中，并于使用前 1 天取出，置于室温使菌种恢复活性）；

（12）锥形瓶、集气瓶、量筒、坩埚等器皿；

（13）手套、口罩等防护用品。

四、实验装置和分析方法

1. 实验装置

实验采用如图 2 所示的厌氧消化实验装置，主要由水浴锅、厌氧发酵瓶、集气瓶

（广口瓶）和量筒组成。其中消化瓶工作体积为 0.8 L，厌氧消化温度为（35±1）℃，反应产生的沼气采用排水法收集。

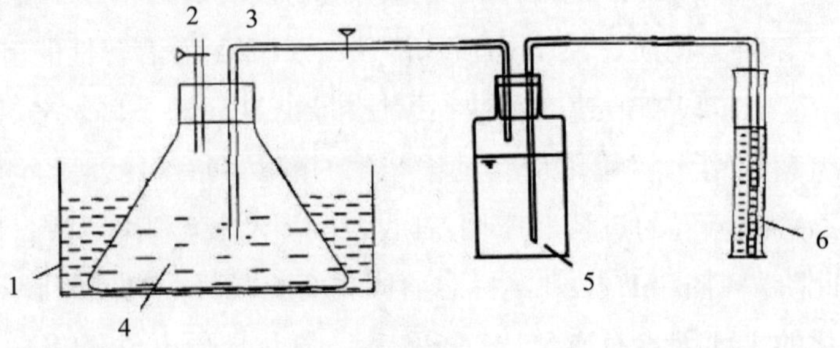

1—水浴锅；2—取样口；3—导气口；4—发酵瓶；5—集气瓶；6—量筒

图 2　厌氧消化实验装置

2．测定项目分析方法

参照《固体废物　有机质的测定　灼烧减量法》（HJ 761—2015），采用差重法测定总固体（TS）和挥发性固体（VS）。

参照《生活垃圾化学特性通用检测方法》（CJ/T 96—2013），分别采用玻璃电极法、重铬酸钾氧化法和凯氏定氮法测定 pH、总有机碳（TOC）和总氮（TN）。

参照《环境空气　总烃的测定　气相色谱法》（HJ 604—2017），采用气相色谱仪分析甲烷含量。

五、实验步骤

（1）使用食物破碎机将餐厨垃圾粉碎，测定其固体含量（TS）、挥发性固体含量（VS）。

（2）根据设定的上料负荷 10～30 g/L、反应体积 0.8 L、餐厨垃圾量和接种污泥的 TS 和 VS 等，计算进料所需的餐厨垃圾量和接种污泥量。

（3）在发酵瓶中加入餐厨垃圾和接种污泥，加水至 0.8 L；搅拌均匀后，测定其总重量和 pH，用胶塞密封，然后放入恒温水浴锅［（35±1）℃］中进行培养。整个过程不进行 pH 等因素的调节，自然厌氧消化。

（4）实验过程每天晃动发酵瓶 1～2 次（起到搅拌作用），每天测定料液 pH、观察产气情况并记录日产气量，每 3 天测 1 次产气成分。

（5）待体系连续 3 天基本不产气时，终止发酵实验。

六、数据记录与处理

（1）测定物料性质，填入表 1 中。

表 1 物料性质

物料	TS/%	VS/%	TOC/%	C/N	pH	含水率/%
餐厨垃圾						
接种污泥						
进料						
出料						

（2）记录料液 pH、日产气量，填入表 2 中。

（3）绘制发酵过程料液 pH 变化图和日产气图。

（4）计算总产气量和单位 TS、VS 的产气量。

（5）每 3 天测 1 次沼气成分，计算甲烷含量并填入表 2 中。

表 2 有机垃圾厌氧发酵实验记录

时间	料液 pH	日产气量/mL	甲烷含量/%
第 1 天			
第 2 天			
第 3 天			
……			

七、思考题

（1）利用厌氧发酵原理分析发酵过程体系 pH 和产气量的变化。

（2）讨论操作参数对厌氧发酵的影响。

八、注意事项

（1）检查气密性，保证厌氧发酵条件。

（2）产气多时，集气瓶可能被排空，此时要增加排气次数。

实验五　飞灰的药剂稳定化实验

（实验学时：6 学时；编写人：刘建；编写单位：西南交通大学）

一、实验目的

根据《中国统计年鉴 2022》，2021 年全国城市生活垃圾清运总量为 24 869 万 t。一般而言，机械炉排焚烧炉的飞灰产生量为垃圾焚烧量的 3%～5%。飞灰含有大量有毒有害物质，如二噁英和重金属等，属于危险废物。根据《国家危险废物名录》（2021 年版）中的豁免清单规定，当焚烧飞灰预处理满足《生活垃圾填埋场污染控制标准》（GB 16889—2008）要求后，可以分区填埋于生活垃圾填埋场。目前，常用的预处理方法为化学药剂稳定法。

通过本实验预达到以下目的：

（1）掌握飞灰药剂稳定化的原理和方法；

（2）掌握原灰及稳定化飞灰的毒性浸出方法。

二、实验原理

1．飞灰稳定化实验

飞灰的药剂稳定化是利用一种或多种化学药剂与飞灰和水按一定比例混合，使化学药剂中的某种离子或官能团与飞灰中的重金属反应生成化学性质稳定的重金属沉淀或重金属络合物、螯合物，从而达到降低飞灰中重金属浸出的效果。

由于大多数重金属-磷酸盐难溶于水且磷酸盐类化合物稳定后的产物具有很高的地球化学稳定性，因此，本实验采用可溶性磷酸盐稳定化处理飞灰，飞灰中的重金属与 PO_4^{3-} 生成沉淀，降低飞灰中重金属的浸出浓度。主要原理：

（1）在一定条件和水合作用下，磷酸盐和钙离子反应可形成 $Ca_{10-x}(HPO_4)_x(PO_4)_{6-x}(OH)_{2-x}$ 或 $Ca_{10}(PO_4)_6(OH)_2$，然后重金属再进行钙取代反应，形成较稳定的重金属羟基磷灰石，如 CaPbHap、CaCdHap 等重金属矿物盐；

（2）通过卤素离子取代羟基磷灰石中的羟基或由离子反应可生成氯基磷灰石［$Ca_5(PO_4)_3Cl$］等，对重金属有捕集和稳定作用；

（3）重金属与磷酸盐和氯离子反应可形成氯磷铅矿［$Pb_5(PO_4)_3Cl$］以及其他一些磷酸盐化合物，如 $Cd_3(PO_4)_2$ 和 $CaZn(PO_4)_2 \cdot 4H_2O$ 等；

（4）磷酸盐类矿物对重金属有吸附作用。

2. 飞灰中重金属浸出实验

根据《固体废物　浸出毒性浸出方法　醋酸缓冲溶液法》（HJ/T 300—2007），以醋酸缓冲溶液为浸提剂，模拟稳定化飞灰进入卫生填埋场后重金属在填埋场渗滤液的影响下从废物中浸出的过程。

三、实验材料、仪器与设备

1. 实验材料

（1）垃圾焚烧飞灰样品；

（2）磷酸二氢钾：分析纯；

（3）去离子水；

（4）冰醋酸：分析纯；

（5）浸提剂：用去离子水稀释 17.25 mL 的冰醋酸至 1 L。配制后溶液的 pH 应为 2.64±0.05；

（6）重金属消解及测试所需的试剂及材料见第二部分实验八。

2. 仪器和设备

（1）振荡器：用于制备浸出液；

（2）广口聚乙烯瓶：2 L，具盖；

（3）真空过滤器；

（4）滤膜：微孔滤膜，孔径为 0.6～0.8 μm；

（5）pH 计：在 25℃时，精度为±0.05pH；

（6）实验天平：精度为±0.01 g；

（7）容量瓶、烧杯等玻璃仪器；

（8）陶瓷坩埚；

（9）鼓风干燥箱；

（10）重金属消解及测试所需的仪器及设备见第二部分实验八。

四、实验步骤

1. 原灰含水率测定

称取 50～100 g 垃圾焚烧飞灰试样于预先干燥恒重的具盖容器（陶瓷坩埚）中，在105℃下烘干，恒重至两次称量值的误差为±1%，计算样品含水率（进行含水率测定后的样品，不得用于浸出毒性试验）。

2. 飞灰药剂稳定化

磷酸二氢钾的投加量分别设置为 0、3%、5%、7%、10%（与飞灰质量的比值），水灰比采用 30%。将适量磷酸二氢钾、水与飞灰样品进行充分搅拌混合，常温下养护 24 h。24 h 后观察飞灰药剂稳定化情况（拍照），并对稳定化飞灰进行毒性浸出。

3. 原灰及稳定化飞灰毒性浸出

称取原灰及不同磷酸盐投加量稳定化后的飞灰各 75～100 g，置于 2 L 提取瓶中，根据前期计算的原灰含水率，按液固比为 20∶1（L/kg）计算出所需浸提剂的体积，加入浸提剂，盖紧瓶盖后固定在翻转式振荡装置上，调节转速为（30±2）r/min，于（23±2）℃下振荡（18±2）h。在振荡过程中有气体产生时，应定时在通风橱中打开提取瓶，释放过度的压力。

采用真空过滤器进行固液分离，过滤并收集浸出液，于 4℃下保存，待测。

注：除非消解会造成待测金属的损失，用于金属分析的浸出液应按分析方法的要求进行消解，有关重金属消解和测定的方法及步骤见第二部分实验八。

五、实验报告要求

1. 实验记录

（1）原灰含水率测定

表 1　垃圾焚烧飞灰含水率实验结果

坩埚烘干后的质量 m_1/g	称取飞灰质量 m_2/g	坩埚+飞灰干燥后的质量 m_3/g	飞灰干基质量 m/g	飞灰含水率 W/%

（2）飞灰药剂稳定化

拍摄不同磷酸投加量下（包括 0、3%、5%、7%、10%）的稳定化飞灰照片。

（3）原灰及稳定化飞灰毒性浸出

原灰及稳定化飞灰重金属浸出毒性测定实验记录见表 2。

表 2 焚烧飞灰在不同磷酸盐投加量下的浸出毒性试验结果

重金属	浸出浓度/（mg/L）	磷酸盐投加量				
		0	3%	5%	7%	10%
Cd						
Pb						
Cu						
Zn						
Cr						
Ni						

2．实验结果分析

（1）原灰含水率测定

根据式（1）计算原灰含水率：

$$W = \frac{m_2 - m}{m_2} \times 100\% \tag{1}$$

式中：W——飞灰含水率，%；

m——飞灰烘干后质量，g；

m_2——称取飞灰质量，g。

（2）药剂稳定化飞灰

观察药剂稳定化飞灰情况，对比分析飞灰在不同磷酸盐投加量下其表观特征的变化情况。

（3）原灰及稳定化飞灰毒性浸出

对比原灰及不同磷酸二氢钾投加量下飞灰中重金属浸出浓度变化情况，分析磷酸盐投加量对飞灰稳定化效果的影响。

六、思考题

（1）飞灰中重金属的来源有哪些？

（2）水灰比可能会对稳定化效果产生什么影响？

（3）与水泥固化处理方法相比，药剂稳定化有何优点？

实验六　有害固体废物的固化处理

（实验学时：4 学时；编写人：张爱平；编写单位：四川师范大学）

一、实验目的

比较成熟的固化方法往往只适于一种或几种固体废物的处理，尤以无机物的处理为主。当前研究的固化方法，根据基质分为以下 6 类：①水泥固化；②石灰固化；③热塑性材料固化；④有机聚合物固化；⑤自胶结固化；⑥玻璃固化。下面以常用的水泥固化为主要的实验研究方法。

有害固体废物的水泥固化是指以水泥作固化剂，将危险废物掺和并包容起来，使其稳定化的一种过程。固化的主要目的是使有害固体废物便于运输和贮存，同时通过减小废物与环境接触的表面积来降低有毒有害组分渗漏的可能性；通过固化减少在处理、贮存、运输和处置过程中废物颗粒扩散产生的危害，有利于操作工人和环境的安全。水泥固化剂是近 20 年欧美等发达国家和地区在处理有毒有害废物中应用最广和最多的材料，美国国家环境保护局将水泥固化称为处理有毒有害废物的最佳技术。

通过本实验预达到以下目的：

（1）掌握含铬废渣水泥固化的基本原理和方法；

（2）掌握影响水泥固化效果的主要因素。

二、实验原理

将有害废物与固化剂或黏结剂，经混合后发生化学反应而形成坚硬的固状物，使有害物质固定在固状物内，或是用物理方法将有害废物封包起来的处理方法称为固化。有害废物经固化处理后，其渗透性和溶出性均可降低。所得固化能安全地运输和进行堆存或填埋，对稳定性和强度适宜的产品可以作为筑路的基材使用。

固化处理划分为包胶固化、自胶结固化、玻璃固化和水玻璃固化。包胶固化根据包胶材料的不同，分为水泥固化、石灰固化、热塑性固化和有机聚合物固化。包胶固化适用于多种废物。自胶结固化只适用于含有大量能成为胶结剂的废物。玻璃固化和水玻璃固化一般只适用于少量毒性特别大的废物处理，如高放射性废物的处理。

一般废物固化都采用包胶固化的方法，包胶固化是采用某种固化基材对废物进行包覆处理的一种方法。一般分为宏观包胶和微囊包胶。宏观包胶是用包胶材料把干燥的未稳定化处理的废物外围包裹，使废物与环境隔离；微囊包胶是用包胶材料包覆废物的微粒。宏观包胶工艺简单，但包胶一旦破裂，被包覆的有害废物就会进入环境造成污染。微囊包胶有利于有害废物的安全处置，是目前采用较多的废物处理技术。

本实验采用水泥为基材，固化含铬废渣。

水泥基固化是利用水泥和水化合时产生水硬胶凝作用将废物包覆的一种方法。普通硅酸盐水泥的主要成分为硅酸三钙、硅酸二钙、铝酸三钙和铁铝四钙，它们与水发生水化作用，产生一系列反应：

$$3CaO \cdot SiO_2+H_2O \longrightarrow 2CaO \cdot SiO_2 \cdot H_2O+Ca(OH)_2$$

$$2CaO \cdot SiO_2+H_2O \longrightarrow 2CaO \cdot SiO_2 \cdot H_2O$$

$$3CaO \cdot Al_2O_3+H_2O \longrightarrow 3CaO \cdot Al_2O_3 \cdot H_2O$$

$$4CaO \cdot Al_2O_3 \cdot Fe_2O_3+H_2O \longrightarrow 3CaO \cdot Al_2O_3 \cdot H_2O+CaO \cdot Fe_2O_3 \cdot H_2O$$

水化后产生的胶体将水泥颗粒相互联结，逐渐变硬而凝结成为水泥石，在交硬凝结过程中将固体废物包裹在水泥石中。

三、仪器与材料

1. 实验仪器设备

搅拌锅，拌和铲，振动台，养护箱，台秤，天平，标准稠度与凝结时间测定仪，压力测试机，分光光度计，模子。

2. 实验材料及药品

普通硅酸盐水泥，水泥速凝剂，模拟铬渣（重铬酸钾）和分析铬所需药品。

四、实验步骤

1. 制作固化体

称取水泥 150 g，水泥速凝剂掺量 4%～8%（根据实际情况，可适当调整掺量），重铬酸钾 0.5 g、1 g、1.5 g 和 2 g。将水泥和重铬酸钾混匀后缓慢加入 50 mL 左右的水并搅拌，放置于养护箱内硬凝 12 h。

2. 有毒物质的浸出

将固化体浸泡于 300 mL 蒸馏水中过夜，于第 2 天测定蒸馏水中六价铬的含量，六价铬的测定方法采用火焰原子吸收法。

五、数据记录与处理

实验记录与数据处理见表1。

表1 实验记录与数据处理

配比			
滤液中有毒物含量/（mg/L）			
有毒物溶出率/%			

$m_{水泥}$=　　　　　　　　　　　　　　　　$V_{水}$=

浸出液：pH=　　　　　　　　　　　　　　　$M_{重铬酸钾}$=

滤液中有毒物质的含量：m=

有毒物质的浸出率：m/M=

六、思考题

（1）水泥块为何需要在养护箱中养护一段时间？

（2）进行有毒物溶出率实验对废渣处理有何意义？

（3）与药剂稳定化处理方法相比，水泥固化有何特点？

七、注意事项

（1）注意水泥添加量和水泥速凝剂掺量的控制。若废物中含有妨碍水泥水合反应的化学物质时，水泥投配量应适当加大。这一配比应通过准备实验确定。

（2）注意固化体养护时间和养护条件的控制。选择适宜的添加剂，包括减水剂、缓凝剂、促凝剂、吸附剂与乳化剂等，以改善固化过程的流动性与凝固性，控制初凝时间大于0.5 h，终凝时间应控制在12 h内。

（3）对有毒有害固体废物进行水泥固化时，应在较严格的密封与防护条件下操作，做好个人防护，以防污染环境，保证操作者的安全。

实验七 固体废物焚烧和热解实验

（实验学时：6 学时；编写人：张胜利；编写单位：西南交通大学）

一、实验目的

焚烧和热解均属于固体废物的热处理法。与生物处理法相比，焚烧和热解不仅可实现固体废物的快速、显著减容，而且具有周期短、占地面积小等优点。

通过本实验预达到以下目的：

（1）了解焚烧和热解的概念；

（2）熟悉固体废物焚烧和热解过程的控制参数。

二、实验原理

1. 焚烧

焚烧是以一定的过剩空气与被处理的有机废物进行氧化燃烧反应，使废物中的有害物质在高温下热解、氧化而被破坏的过程。焚烧不但可以处理固体废物，还可以处理液体废物和气体废物；不但可以处理生活垃圾和一般工业固体废物，还可以处理危险废物。

固体废物的焚烧效果受到许多因素的影响，如焚烧炉类型、固体废物性质、焚烧温度、烟气停留时间、供氧量、搅拌混合程度等。其中焚烧温度（temperature）、停留时间（time）、混合强度（turbulence）和过剩空气率（excess air）合称为焚烧四大控制参数，简称 3T+E。它们既是影响固体废物焚烧效果的主要因素，也是反映焚烧炉工况的重要技术指标。

焚烧处理的优点：①设施占地面积小。与相同规模、寿命的卫生填埋设施相比，生活垃圾焚烧处理可减少占地的 80%～92%。②减容化、减量化效果明显。固体废物经焚烧处理后，仅产生 10%～15%的炉渣和 3%～5%的飞灰需要填埋处置。③资源化利用率高。焚烧过程产生的余热可用于供热和发电，实现能量回收。④无害化程度高。焚烧不仅能使固体废物中的有害成分完全分解，而且能彻底杀灭病原菌。⑤可全天候操作。

焚烧处理的缺点：①投资和运行费用高。②操作运行复杂，对设备和运行条件、工作人员技术水平要求严格。③焚烧过程中会产生 SO_x、NO_x、HCl、二噁英等大气污染物，可能造成二次污染，引起“邻避效应”。

2．热解

热解是将有机化合物在缺氧或绝氧的条件下利用热能使化合物的化学键断裂，由大分子量的有机物转化为小分子量的燃料气（H_2、CH_4、CO 等）、液状物（有机酸、烃类化合物、焦油等）及焦炭等固体残渣的过程。它适用于城市垃圾、农林废物、污泥、废塑料、废橡胶等有机固体废物的处理。

热解工艺流程如图 1 所示。

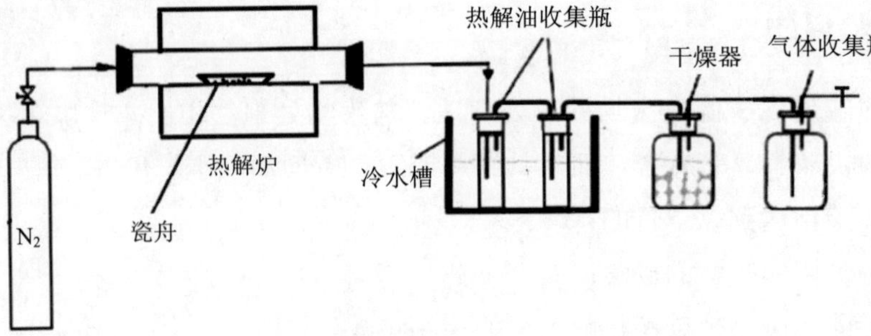

图 1　热解装置

影响热解的因素包括热解温度、热解速率、物料性质、物料尺寸、物料停留时间、供气供氧和反应器类型等。

与焚烧相比，热解设备相对简单，且热解将垃圾中的有机物转化为以燃料气、燃料油和炭黑为主的贮存性能源，是吸热过程。由于缺氧分解，排气量少，有利于减轻对大气环境的二次污染。因保持还原性条件，废物中的硫、重金属等有害成分大部分被固定在碳黑中，Cr^{3+}也不会转化为 Cr^{6+}。研究报道表明，热解烟气量是焚烧的 1/2，NO 量是焚烧的 1/2，HCl 量是焚烧的 1/25，灰尘量是焚烧的 1/2。

三、仪器与材料

（1）热解炉；

（2）马弗炉；

（3）恒温干燥箱；

（4）电子天平；

（5）破碎机；

（6）农林废弃物：如树枝、果壳等；

（7）坩埚、瓷舟、试管、集气瓶等；

（8）手套、口罩等防护用品。

四、实验步骤

1. 焚烧实验操作步骤

（1）称取一定量物料，放入 105℃烘箱中烘干，然后采用破碎机粉碎至粒度小于 10 mm。

（2）称取破碎的干物料 30 g，装入坩埚中，放进马弗炉。

（3）接通电源，以不同升温速率（5～25℃/min）将炉温升至预定温度（500℃、600℃、700℃），并恒温 1 h。

（4）断电，待炉温自然冷却至室温后，观察热处理产物并称重。

2. 热解实验操作步骤

（1）称取一定量物料，放入 105℃烘箱中烘干，然后采用破碎机粉碎至粒度小于 10 mm。

（2）称取破碎的干物料 30 g，装入瓷舟中，放进热解炉。

（3）打开氮气瓶总阀、减压阀，调节氮气流量为 0.1 L/min 左右；通入氮气吹扫除，除去体系内残留的空气。

（4）接通电源，以不同升温速率（5～25℃/min）将炉温升至预定温度（500℃、600℃、700℃），并恒温 1 h。其间，收集气体产物进行气相色谱分析。

（5）断电，继续通入氮气直至炉温冷却至室温。

（6）关闭氮气瓶总阀、减压阀，观察热处理产物并称重。

五、数据记录与处理

（1）记录实验设备的基本参数，包括马弗炉和热解炉的功率、控温范围、炉膛尺寸、升温速率等。

（2）测定焚烧和热解所得固体残渣的质量。

（3）测定热解过程产生的焦油质量。

（4）收集热解过程产生的气体，利用气相色谱分析其中的 H_2、CH_4、CO 和 CO_2 含量。

六、思考题

（1）影响固体废物焚烧和热解的因素分别有哪些？

（2）热解的固体残渣得率为何高于焚烧？

（3）对于高热值的城市生活有机垃圾，拟采用何种方案进行处理？为什么？

（4）升温速率和热解终温对热解过程的气体产物有何影响？

七、注意事项

（1）实验前需仔细检查热解装置的气密性。

（2）炉温升高后避免靠近及接触炉体，实验结束后待炉温降至室温方可打开炉体。

（3）开启钢瓶，先开总阀后开减压阀，逆时针方向为开；关闭钢瓶，先关总阀后关减压阀，顺时针方向为关。

实验八 有机污染土壤的热脱附实验

（实验学时：4 学时；编写人：王东梅；编写单位：西南交通大学）

操作视频

一、实验目的

工业的发展与进步导致越来越多的有机污染物进入环境中。这些污染物大部分是持久性的和难以生物降解的，对生态系统和人类的健康造成了严重的危害，引发了人们的高度关注。土壤中的有机污染物主要来自大气沉降、污水灌溉、工业泄漏和工业废物倾倒等，这些污染物在土壤中累积，与土壤有机质密切结合，稳定而难以降解，具有明显的生物累积性和“三致”（致癌、致畸、致突变）效应。

热脱附技术是通过直接或间接加热，将污染土壤加热至目标污染物的沸点以上，通过控制系统温度和物料停留时间，有选择地促使污染物气化挥发，使目标污染物与土壤颗粒分离去除。热脱附法可处理挥发及半挥发性有机污染物（如石油烃、农药、多氯联苯）和汞，但不适用于无机物污染土壤（汞除外）和腐蚀性有机物、活性氧化剂和还原剂含量较高的土壤。

通过本实验预达到以下目的：

（1）掌握污染土壤热脱附技术的原理和方法；

（2）掌握影响污染土壤多环芳烃（萘）脱附效果的因素。

二、实验原理

一般的有机物沸点较低，通过直接或间接加热，将污染土壤加热至目标污染物的沸点以上，通过控制反应温度和土壤停留时间有选择地促使污染物气化挥发出来，使得土壤与有机污染物分离，从而使得土壤无害化。挥发出来的有机物经过后续的尾气净化处理达标后排放。

有机污染物在土壤中的去除过程主要是物理蒸发，脱附分为两个阶段，首先是土壤颗粒表面的快速蒸发，其次是蒸发受到颗粒内部扩散的限制。温度是影响热脱附过程最主要的因素，随着温度的升高，污染物的脱附效率和降解效率会显著提高。

计算萘去除率时采用去除率（R）代表垃圾浓缩液中难降解有机物处理前后的变化，具体计算如式（1）所示。

$$R = \frac{m_i \times c_i}{m_0 \times c} \times 100\% \tag{1}$$

式中：R——去除率，%；

c——原土壤萘含量，μg/g；

c_i——热脱附后土壤萘含量，μg/g；

m_0——原土壤质量，g；

m_i——热脱附后土壤质量，g。

三、仪器与材料

1. 实验仪器

（1）管式加热炉 1 台；

（2）冷冻干燥机 1 台；

（3）高效液相色谱仪 1 台；

（4）电子天平 1 台；

（5）玻璃套管 1 台；

（6）研钵、筛网；

（7）索氏提取器。

2. 实验试剂

（1）十氟联苯（$C_{12}F_{10}$）：纯度为 99%。

（2）十氟联苯贮备溶液：ρ=1 000 mg/L。称取十氟联苯 0.025 g（精确至 0.001 g），用乙腈溶解并定容至 25 mL 棕色容量瓶，摇匀，转移至密实瓶中于 4℃下冷藏、避光保存（或购买市售有证标准溶液）。

（3）十氟联苯使用液：ρ=40 μg/mL。移取 1.0 mL 十氟联苯贮备溶液于 25 mL 棕色容量瓶，用乙腈稀释并定容至刻度，摇匀，转移至密实瓶中于 4℃下冷藏、避光保存；

（4）乙腈（CH_3CN）：HPLC 级；

（5）丙酮-正己烷混合溶液：用丙酮和正己烷按 1∶1 混合，正己烷（C_6H_{14}）：HPLC 级、丙酮（CH_3COCH_3）：HPLC 级；

（6）石英砂：粒径为 150～830 μm（20～100 目），使用前须检验，确认无干扰；

（7）氮气：纯度≥99.999%；

（8）铬酸洗液。

四、实验步骤

1. 土壤前处理

将土壤研磨过筛，使得土壤粒径小于 2 mm，称取过筛后土壤 3 g，放置于瓷坩埚中。

2. 土壤微波加热

将瓷坩埚迅速推入到加热炉中心位置，开启管式加热炉，设置功率 360 W，启动加热。微波辐射时间到达 10 min 后，取出，称重。

3. 土壤萘含量测试

（1）试样的制备

1）脱水。用冷冻干燥的方式对样品脱水，将冻干后的样品研磨、过筛，均化处理成约 1 mm 的颗粒。

2）提取。将制备好的试样放入玻璃套管或纸质套管内，加入 50.0 μL 十氟联苯使用液，将套管放入索氏提取器中。加入 100 mL 丙酮-正己烷混合溶液，以每小时不小于 4 次的回流速度提取 16～18 h。

3）浓缩。氮吹浓缩法：开启氮气至溶剂表面有气流波动（避免形成气涡），用正己烷多次洗涤氮吹过程中已经露出的浓缩器壁，将过滤和脱水后的提取液浓缩至约 1 mL。加入约 3 mL 乙腈，再浓缩至约 1 mL，将溶剂完全转化为乙腈。

4）空白试样制备。用石英砂代替实际样品，按照上述试样的制备相同步骤制备空白试样。

（2）萘含量测试

使用高效液相色谱法，仪器参考条件：

1）进样量：10 μL；

2）柱温：35℃；

3）流速：1.0 mL/min；

4）推荐紫外吸收波长：萘——220 nm；

5）流动相 A：乙腈；流动相 B：水。

表 1 梯度洗脱程序

时间/min	流动相 A 所占比例/%	流动相 B 所占比例/%
0	60	40
8	60	40
18	100	0
28	100	0
28.5	60	40
35	60	40

4．改变处理功率与时间

功率分别提高至 540 W、720 W，反应时间分别为 10 min、20 min、30 min，重复步骤 2、步骤 3。

五、数据记录与处理

1．原始数据记录和计算

记录实验温度、反应时间等基本参数，记录反应前后土壤质量及土壤萘含量，并计算萘去除率，最后将各项数值填入表 2 中。其中土壤样品中多环芳烃的含量（μg/kg），按式（2）进行计算。

$$\omega_i = \frac{\rho_i \times V}{m \times W_{dm}} \tag{2}$$

式中：ω_i——样品中组分 i 的含量，μg/kg；

ρ_i——由标准曲线计算所得组分 i 的浓度，μg/mL；

V——定容体积，mL；

m——样品量（湿重），kg；

W_{dm}——土壤样品干物质含量，%。

表 2　热脱附试验记录

微波功率	辐射时间/min	原土壤		热脱附后土壤		萘去除率/%
		质量/g	萘含量/（μg/kg）	质量/g	萘含量/（μg/kg）	
360 W	10					
	20					
	30					
540 W	10					
	20					
	30					
720 W	10					
	20					
	30					

六、思考题

讨论反应温度及反应时间对萘脱附效果的影响。

七、注意事项

（1）大多数多环芳烃是强致癌物质，因此操作时必须极其小心，不允许人体与多环芳烃固体物质、溶剂萃取物、多环芳烃标准接触。

（2）多环芳烃可随溶剂一起挥发而黏附于具塞瓶的外部，因此处理含多环芳烃的容器及实验操作必须使用抗溶剂的手套。

（3）使用的玻璃器皿需要预处理，所有使用容器均以铬酸洗液浸泡过夜后清水冲洗纯水润洗后置于 110℃烘箱中烘烤 2 h 以上。

实验九　固体废物（铬渣）的热解无害化实验

（实验学时：4 学时；编写人：王东梅；编写单位：西南交通大学）

操作视频

一、实验目的

铬渣是一种灰绿色残渣，主要在金属铬的提炼和各种铬盐产品的生产过程中产生的，这种含铬的固体废渣对人类和环境都有着不可逆转的危害。中国的铬化工厂占全球的70%，分布广泛，数量众多，造成复杂而严重的污染。随着工业技术的快速发展，铬成为土壤中五大重金属污染物之一，因受人类活动的影响，它会聚集在土壤表层，导致表层土壤受到污染，对环境和人类健康造成潜在的危害。

铬渣中含有六价铬，废弃铬渣堆场周边土壤重金属不仅受污染严重还难降解，如果随意排放、堆存，铬渣经雨水淋洗，导致含铬污水四处溢流、下渗，对土壤、地下水、河道造成污染，而且伴随水流和大气会迁徙到周边的农田。对于含有六价铬的危险废物，热解法是其中一种解毒方法，可通过加热将铬渣中的六价铬还原为三价铬。

通过实验预达到以下目的：

（1）掌握固体废物六价铬热解还原的方法和原理；

（2）理解固体废物六价铬热解还原的影响因素；

（3）了解工业废渣水溶性实验浸出液的特点和研究方法；

（4）掌握六价铬的测定方法；

（5）熟练应用分光光度计。

二、实验原理

热解法是一种将六价铬还原为三价铬从而将铬渣无害化的方法。在这种方法中，六价铬被加热至高温，含有机质的成分（生物质及塑料）在热解过程中会释放出挥发分，挥发分含有大量的气相有机分子和 CO、H_2，且都具有还原性，这部分还原性物质在高温条件下与六价铬发生反应，将六价铬还原为三价铬，使铬渣解毒。这种方法的优点是可以在不使用化学品的情况下处理六价铬。

六价铬的测定原理为在酸性介质中，六价铬与二苯碳酰二肼（DPC）反应，生成紫红色络合物，于 540 nm 波长处进行比色测定。

样品中六价铬浓度 c 的计算公式为

$$c=\frac{AV}{m} \tag{1}$$

式中：c——样品中六价铬浓度，mg/kg；

A——容量瓶中消解液的六价铬浓度，mg/L；

V——容量瓶体积，mL；

m——铬渣样品干重，g。

六价铬还原率 R 的计算公式为

$$R=\frac{m_i c_i}{m_0 c_0}\times 100\% \tag{2}$$

式中：c_0——原铬渣中六价铬含量，μg/g；

c_i——处理后样品六价铬含量，μg/g；

m_0——原铬渣质量，g；

m_i——处理后样品质量，g。

三、仪器与材料

1. 实验仪器

（1）管式热解炉；

（2）天平；

（3）40 目筛网；

（4）烧杯、坩埚、气体吸收瓶、容量瓶、移液管等实验器材若干；

（5）手套、实验服和口罩等防护用品。

2. 实验样品与试剂

（1）铬渣；

（2）秸秆（生物质）；

（3）聚乙烯（塑料）；

（4）铬标准贮备液：称取于 120℃干燥 2 h 的重铬酸钾（优级纯）0.282 9 g，用水溶解，移入 1 000 mL 容量瓶中，用水稀释至标线，摇匀。每毫升贮备液含 0.100 μg 六价铬；

（5）铬标准使用液：吸取 5.00 mL 铬标准贮备液于 500 mL 容量瓶中，用水稀释至标线，摇匀。每毫升标准使用液含 1.00 μg 六价铬。使用当天配制；

（6）二苯碳酰二肼溶液：称取二苯碳酰二肼（$C_{13}H_{14}N_4O$，简称 DPC）0.2 g，溶于 100 mL 95%乙醇中，边搅拌边加入 1+9 硫酸 400 mL。该溶液在冰箱中可存放一个月，用此显色剂，在显色时直接加入 2.5 mL 即可，不必再加酸。但加入显色剂后，要立即摇匀，以免 Cr^{6+}被乙醇还原。

四、实验步骤

1. 铬渣的热解

（1）将铬渣、秸秆分别破碎，过 40 目筛，随后称取 20 g 的铬渣及 1 g 的秸秆，混合均匀，随后将混合物放于坩埚后装入管式热解炉中。

（2）打开 N_2 阀，控制 N_2 流量为 20～200 mL/min，随后接通热解炉电源，升温速度为 20℃/min，将热解温度升到 350℃，在此温度下保持 10 min 后，断开电源。

（3）待热解炉自然降温后（不得立即开启炉膛），观察热处理产物，称重，随后测定处理产物六价铬含量。

（4）将热解温度调整至 450℃、550℃，重复步骤（1）～步骤（3）。

（5）将秸秆换成聚乙烯，重复步骤（1）～步骤（4）。

2. 样品中六价铬含量的测定

（1）样品处理：称取 1.0 g 铬渣，加入 100 mL 水中，振荡 20 min，使铬浸出，干过滤，滤液稀释成一定浓度后用作后续测定铬含量。

（2）标准曲线绘制：取 7 支 50 mL 容量瓶，依次加入 0 mL、0.20 mL、0.50 mL、1.00 mL、2.00 mL、4.00 mL 和 6.00 mL 铬标准使用液，用水稀释至标线，摇匀。加入 2.5 mL 显色剂溶液，摇匀。5～10 min 后，于 540 nm 波长处，用 1 cm 比色皿，以水为参比，测定吸光度并进行空白校正。以吸光度为纵坐标，相应六价铬含量为横坐标绘出标准曲线。

（3）水样测定：取适量（含 Cr^{6+}少于 50 μg）无色透明或经预处理的水样于 50 mL 容量瓶中，用水稀释至标线，测定方法同标准溶液。

（4）进行空白校正后根据所测吸光度从标准曲线上查得 Cr^{6+}含量。

五、数据记录与处理

记录实验温度等实验参数；记录反应后样品质量及样品六价铬含量，计算六价铬还原率，填入表 1 中。

表 1 热解试验记录

实验温度	还原率/%	
	添加秸秆	添加聚乙烯
350℃		
450℃		
550℃		

六、思考题

（1）为什么使用聚乙烯时对六价铬还原效果优于秸秆？

（2）为什么热解温度越高，效果越好？

七、注意事项

（1）使用热解炉之前，需要做好防烫、防火、防爆的预防措施，还要了解相关的急救知识；

（2）用于测定铬的玻璃器皿不应用重铬酸钾洗液洗涤；

（3）Cr^{6+}与显色剂的显色反应一般酸度控制在 0.05～0.3 mol/L（$1/2H_2SO_4$），以 0.2 mol/L 时显色最好。显色前，水样应调至中性。显色温度和放置时间对显色有影响，在 15℃时，5～15 min 颜色即可稳定。

参考文献

[1] 高琳. 黑龙江省宾县农作物秸秆资源化利用分析[D]. 哈尔滨：东北农业大学，2019.

[2] 叶正祥，刘剑，陈兴涛，等. 陈腐垃圾填埋场的开挖及资源化利用研究[J]. 节能与环保，2019（1）：90-91.

[3] 张浩. 有机固体废弃物热解行为研究[D]. 北京：北京化工大学，2022.

[4] 陈正梁. 关于固体废物及其处理处置技术的研究思考[J]. 四川水泥，2015（9）：37.

[5] 国家发展改革委，财政局，能源局，等. “十四五”可再生能源规划[R]. 北京：2022.

[6] 工业固废网，中国循环经济协会，斯德瑞环保. 探究我国固废资源化处理的政策、现状、格局、技术和趋势[R]. 四川：2022.

[7] 国家发展改革委，科技部，财政部，等. 关于“十四五”大宗固体废弃物综合利用的指导意见[R]. 北京：2021.

[8] 四川省绿色发展促进协会. 大宗工业固废建材化利用研究现状与展望[R]. 四川：2022.

[9] 唐雪娇. 固体废物处理与处置（第二版）[M]. 北京：化学工业出版社，2018.

[10] 蒋展鹏，杨宏伟. 环境工程学（第三版）[M]. 北京：高等教育出版社，2013.

[11] 林海，李天昕，周北海，等. 环境工程微生物学（第 2 版）[M]. 北京：冶金工业出版社，2014.

[12] 赵由才，赵天涛，宋立杰，等. 固体废物处理与资源化实验（第 2 版）[M]. 北京：化学工业出版社，2018.

[13] 白圆. 固体废物处理实训[M]. 北京：中国建筑工业出版社，2018.

[14] 张惠灵，龚洁. 环境工程综合实验指导书[M]. 武汉：华中科技大学出版社，2019.

[15] 张大磊，孙英杰，袁宪正. 固体废物处理处置[M]. 北京：中国电力出版社，2017.

[16] 谢云成，徐强. 固体废弃物处置与资源化实验教程[M]. 北京：化学工业出版社，2017.

[17] 马俊伟. 固体废物处理处置与资源化实验与教程[M]. 北京：北京师范大学出版社，2018.

[18] 张鸿郭，庞博，陈镇新. 固体废物处理与资源化实验教程[M]. 北京：北京理工大学出版社，2018.

[19] 张大磊，孙英杰，袁宪正. 固体废物处理处置[M]. 北京：中国电力出版社，2017.

[20] Xu Ren，Tang Peixin，Hou Bo，et al. Evaluating the degradation of Rhodamine B using a sequential batch three-dimensional electrode reactor[J]. Journal of Environmental Chemical Engineering，2023，11（2）：109475.

[21] Xu Ren，Kai Song，Qiaoyun Zhang，et al. Performance of a Three-Dimensional Electrochemical Reactor（3DER） on Bisphenol A Degradation[J]. Frontiers in chemistry，2022，831：960003.

[22] 刘婧妍，李宁，朱栩楷，等. 生物炭负载纳米零价铁活化过一硫酸盐降解诺氟沙星[J]. 环境科学学报，2023，43（10）：47-61.

[23] 于露滢，陈红，于鑫，等. 壳聚糖改性污泥水热炭活化过硫酸盐降解活性黑 5 染料废水[J]. 环境化学，2023，43（4）：1-12.

[24] 韩静，朱依婷，郑驰，等. 毛豆壳生物炭的活化及其对甲萘威的吸附性能[J]. 浙江农业学报，2023，35（9）：2202-2211.

[25] 骆美宇，李音，刘玉鹏，等. 高温烟气活化生物炭制备活性炭及其 Cu^{2+}吸附性能[J]. 低碳化学与化工，2023（6）：98-106.

[26] 孙丰宾，杨旭东，李璠，等.氢氧化钴/生物炭活化过氧乙酸降解水中抗生素[J]. 工业水处理，2023，7：1-18.

[27] 中国环境科学研究院固体废物污染控制技术研究所. 固体废物 浸出毒性浸出方法 醋酸缓冲溶液：HJ/T 300—2007[S]. 北京：中国环境科学出版社，2007

[28] 张大磊，孙英杰，袁宪正. 固体废物处理处置实验技术[M]. 北京：中国电力出版社，2017.

[29] 赵由才，赵天涛，宋立杰，等. 固体废物处理与资源化实验[M]. 北京：化学工业出版社，2018.

[30] 张鸿郭，庞博，陈镇新. 固体废物处理与资源化实验教程[M]. 北京：北京理工大学出版社，2018.

[31] 张大磊，孙英杰，袁宪正. 固体废物处理处置[M]. 北京：中国电力出版社，2017.

第四部分

综合创新性实验

4.1 固体废物综合创新性实验概述

4.1.1 城市生活垃圾综合创新性实验

城市生活垃圾，是指在城市日常生活活动中产生的，被法律法规规定为城市生活垃圾的固体废物。常见的城市生活垃圾主要有厨余垃圾、纸类、废塑料、废木器、纺织物、树干、城市生活污水污泥等。

随着我国经济的快速发展，城镇化率和人均消费水平的不断提高，城市生活垃圾的产生量也不断增长。根据国家统计局发布的统计年鉴数据，截至 2021 年，我国城市生活垃圾清运量达到 24 869.2 万 t。对此，我国提出了相应的管理规划，通过《“十四五”城镇生活垃圾分类和处理设施发展规划》明确了生活垃圾的管理与处理原则，追求实现“减量化、无害化、资源化”，并预计到 2025 年生活垃圾资源化利用率达到 60%及以上。

城市生活垃圾无害化处理主要有 3 种方式：填埋、堆肥和焚烧。填埋技术最为成熟，其处理量大，投资和运行费用均较低，但是减容效果不明显且会产生渗滤液造成二次污染。堆肥仅限适用于厨余等含水率和有机物含量较高的生活垃圾，在整体的城市生活垃圾处理量中占比较小；其中，简易高温堆肥技术可适用于规模较小的城市，机械化高温堆肥技术能适用于较多的情况，但投资和运行成本较高，且在实际运用中无法保证堆肥的质量水平，产品销售也困难重重，导致这一方法无法长期稳定运行。垃圾焚烧技术主要应用在人口密集、土地和地下水资源稀缺的一些发达城市。生活垃圾中，除砖瓦、陶瓷、灰土、玻璃等无机成分外，其余各种物质都能够作为焚烧发电的原材料，资源化利用程度高，甚至可达 80%以上。焚烧发电还具有减少火电发电产生的碳排放、减少填埋场产生碳排放的双重功效。但垃圾焚烧会造成二次污染，产生的烟气可能含大量有毒污染物，会对城市环境和人类生存构成威胁。

因此，准确地认知生活垃圾的组成与特性，选择妥善的处理处置方式对于减少二次污染、实现“减量化、无害化、资源化”是非常重要的。另外，受经济发展水平及处理技术等多方面的影响，过去几十年我国生活垃圾大多选择填埋处理的方式，因此现存的填埋场众多。填埋场会对周围环境产生影响，如产生的渗滤液、恶臭等均会污染周边环境，加剧环境污染和气候变化。因此，对填埋场的污染指标监测及分析尤为重要。鉴于此，在城市生活垃圾综合创新性实验中，我们设计了生活垃圾性能的分析评价及处理方案和垃圾填埋场的污染指标监测及分析，期望学生通过训练掌握相关的实操技能，培养减污、减碳协同的理念。

4.1.2 工业固体废物综合创新性实验

工业固体废物，是我国固体废物处理行业的重要组成部分，主要分为一般工业固体废物和工业危险废物。当前我国工业固体废物的历史累计堆存量超过 600 亿 t，占地超过 200 万 hm^2。目前，大宗工业固体废物主要包括尾矿、煤矸石、粉煤灰、冶炼渣、工业副产石膏、赤泥和电石渣等。其处置方式主要有综合利用、贮存、处置和倾倒丢弃 4 种，其中倾倒丢弃最不可取。由于工业固体废物受生产原料来源、工业生产过程等因素的影响，其成分波动大，造成处理和利用难度大；加之工业固体废物处理需要特殊设备以及专业的技术人员，增加了一定的经济成本。

在推动绿色发展，促进人与自然和谐共生的环境保护总体要求下，坚持废物综合利用与循环发展是解决好工业固体废物利用问题的核心与关键。现有工业固体废物以 Si-Mg-Ti-Fe-Al 系为主，含钛高炉渣、石棉尾矿就是典型代表，具有有价组分多、成分复杂、综合利用难度大等特点。石棉尾矿是一种在（温）石棉选矿过程中排放的尾渣，因含石棉纤维被列入《国家危险废物名录》。我国的石棉产出与使用量都位居世界前列，随着石棉矿品位的降低，每生产 1 t 石棉可能产生几十吨尾矿，大部分进行露天堆放，占用大量土地，而尾矿受风力和雨水侵蚀可导致空气、土壤与水源污染。目前，我国开采利用的石棉矿床主要为超镁铁质盐型，尾矿堆积量已超过 10 亿 t，可见开展石棉尾矿资源化利用实验与研究具有重要的社会效益和经济效益。

工业固体废物有价组分的提取是其资源化利用的有效途径之一，包括物理法（选矿）、化学法和生物法。在化学法提取有价组分过程中，无论是酸浸还是碱浸，抑或是盐浸、水浸，都取得了较多的进展，主要集中在浸出过程影响因素探讨、单一组分提取等方面。工业固体废物资源化是通过对工业固体废物化学和矿物组成及可加工和可利用属性进行评价，选择有效的技术实现固体废物作为工业原料的继续利用。在众多资源化利用技术中，有价组分提取技术是一种快捷有效的方式。根据工业固体废物提取分离时所处体系可分为火法与湿法两类。湿法工艺以浸出为主，研究主浸出影响因素与规律、过程传质与界面反应等方面。浸出依浸取剂的不同可分为水浸出、酸浸出、碱浸出、盐浸出、氨浸出、微生物细菌浸出等。按浸出方式可分为就地浸出、堆浸、渗滤浸出、搅拌浸出、热球磨浸出、管道浸出、流态化浸出和电浸出等。常压浸出和加压浸出是依据浸出过程压力的不同。在工业上，按照操作方式也可分为间歇浸出、连续浸出和多段浸出。在浸出过程中，目标组分的溶解形式因环境条件的不同而有所不同，主要有简单溶解、无价态变化溶解、氧化-还原反应溶解、配合物生成溶解 4 种。

水浸通常对在水中溶解度较大的物质较为有效，但对于工业固体废物、化工矿产等原料中大多数氧化物、盐溶解度较小，因此酸浸展现出了可溶解大部分物质的独特优势。

通常酸浸过程采用无机酸较多，同时也有采用有机酸进行研究的。酸浸过程中主要是利用酸电离出的氢离子与固体废物中的物质作用，使目标组分转化成可溶的物质。实验研究表明，硫酸浸出、焙烧对含钛高烧炉渣、石棉尾矿具有较好的活化作用，有价组分的浸出率均得以提高。

《中国制造 2025》行动纲领要求坚持绿色发展，加强节能环保技术、工艺、装备推广应用，全面推行清洁生产。工业发展的提速与城市化进程的加快，不断催生大量的工业固体废物，对人类生存环境带来巨大考验。“十三五”期间，为促进工业固体废物减量化、资源化和无害化的又好又快实现，我国出台了《工业绿色发展规划（2016—2020 年）》《中华人民共和国环境保护税法》《一般工业固体废物贮存和填埋污染控制标准》等系列方针政策，有效地促进了工业固体废物综合利用率的提高，但形势依然严峻。主要存在以下问题：

（1）虽然我国对工业固体废物的综合利用日渐重视，但其堆存量仍日益增多，资源化利用率仍然比较低，故建立起一套普适性强、容量大的资源化处理方案与技术势在必行。

（2）湿法工艺是冶金、固体废物资源化利用等领域的常用方法，有较多的工艺条件、操作参数等方面的研究，但缺少浸出过程热力学、动力学与固液界面传质机理研究。

（3）浸出-分离技术作为湿法工艺的代表，其技术应用推广多受限于原料组分，不能很好地实现助剂循环，且普适性较弱。因此，优化浸出-分离技术，缩短工艺流程，实现助剂循环与节能减排十分必要。

（4）传统的化学沉淀法是多金属复杂溶液体系中目标分离的常用方法，该方法具有操作性强、工艺简单等优点。沉淀分离的依据是沉淀物溶解度与过饱和度存在差异，这种差异越大，分离就越容易，但不能完全排除某些未饱和组分随难溶化合物的沉淀而部分沉淀，或被吸附、夹杂于沉淀物中。因此传统的化学沉淀存在分离不彻底、选择性差等问题，致使产品纯度和质量难以提升。

在“双碳”目标的指引下，我国工业固体废物的处理将继续向技术绿色、工艺绿色、产品绿色、设备绿色与循环可持续相结合的方向发展，在此基础和背景下，有必要开展工业固体废物综合创新性的教学实验，加强对存在问题和发展趋势的深刻认识。为此，我们设计了污泥超强压榨脱水实验、固体废物固化预处理及毒性浸出综合实验、煤矸石资源化利用综合创新性实验、石棉尾矿的硫酸浸出及 SiO_2 和 MgO 的分离实验和钒钛钢渣制备催化剂及其性能研究实验。

4.1.3 农业废弃物综合创新性实验

农业废弃物是指农业生产过程中被丢弃的有机类物质，主要包括畜禽粪污、农作物秸秆、废旧农膜、农药包装废弃物等。据分析统计，我国每年产生的农业废物总量约

50 亿 t，其中畜禽粪便所占比例最高，每年产量 26.9 亿 t，占总量的 53.8%。农作物秸秆产量约 10.9 亿 t，占总量的 21.8%。而这些农业废弃物大部分都未能得到妥善处理，不仅损失了大量优质可加工材料，还严重污染外界环境。因此，农业废弃物合理化利用，对于有效缓解环境污染、改善生态环境具有深远意义。

农业废弃物处理的传统做法是：对秸秆的利用，主要集中在燃烧供能、堆肥还田和直接饲喂畜禽；对畜禽粪便的利用，大多数采用直接堆肥处理。其中，直接堆肥时间长，肥效差。这种缺乏利用先进技术的做法，不但农业废弃物的利用率很低，而且会对生态环境造成污染，影响土壤肥力。农作物秸秆燃烧过程中会产生大量氮氧化物、SO_2、碳氢化合物及烟尘，直接污染大气，经过光照作用产生的有害物质又进一步造成二次污染。因此，为了实现农业可持续目标必然要依靠现代生物技术、工程技术等新技术，以达到最有效利用农业废弃物和对生态环境零污染。

近年来，农业废弃物在饲料化、材料化、能源化、肥料化、生态化等多种途径的高效利用上有了显著成果。其中使用畜禽粪便和作物秸秆制备生物炭的应用引起了广泛关注。生物炭是一种含碳量丰富、吸附能力较强的生物材料，具有高度芳香化、稳定性好、比表面积大和孔隙结构丰富等特点，被广泛应用于农业生产、生态环境保护以及能源开发利用等领域。与传统方法相比，生物炭可以改良土壤理化性质、减少温室气体减排、吸附土壤和水体中的重金属、提高肥料利用率。采用农业废弃物制备生物炭是实现农业废弃物资源化利用的有效方式之一，也是我国当前“碳中和”趋势下减少农业污染排放的重要途径。为此，有必要在固体废物处理处置与资源化实验教学中开设针对农业废弃物资源化利用的实验，增强学生创新实践能力。为此，有必要在固体废物处理处置与资源化实验教学中开设针对农业废弃物资源化利用的实验，增强学生创新实践能力。围绕农业废物的综合利用，我们设计了玉米秸秆生物炭的制备及对水体中镉的吸附实验。

4.1.4 垃圾渗滤液及浓缩液综合创新性实验

随着我国城市化进程的加快，生活垃圾产生量逐年上升。目前，卫生填埋和焚烧是主要的生活垃圾处理方式，但处理过程中均会产生大量二次污染物——垃圾渗滤液。垃圾渗滤液是一种高浓度有机废水，且随着填埋年限的延长，其有机物分子组成趋于复杂、化学结构更稳定，表现出生物难降解特性。

我国垃圾渗滤液处理以“预处理+生物处理+膜深度处理”工艺为主，但生物处理难以去除垃圾渗滤液中的难降解有机物，这部分难降解有机物在膜深度处理过程不可避免地转移至垃圾渗滤液膜浓缩液（以下简称浓缩液）中。相比城市生活污水，垃圾渗滤液和浓缩液处理难度较大，其中难降解有机物的去除是垃圾渗滤液和浓缩液妥善处理的关键。

芬顿（Fenton）法和臭氧（O_3）法在去除垃圾渗滤液和浓缩液中难降解有机物方面有较广泛的应用，具有操作灵活、处理效率高等优点，但 Fenton 法和 O_3 法与难降解有机物的反应原理不同。Fenton 法是在酸性环境下通过二价铁（Fe^{2+}）活化过氧化氢（H_2O_2）产生强氧化能力的羟基自由基（$HO^•$，E^0=2.70 V），其可通过脱氢、加成或直接电子转移等氧化有机物，将其转化为中间产物或最终矿化为 CO_2 和 H_2O。O_3 也具有极强的氧化性（E^0=2.07 V），可通过 Criegee 机制与有机物富含电子部分（如双键、胺和芳香环等）反应，形成富含氧官能团的降解产物。

在采用 Fenton 法或 O_3 法去除垃圾渗滤液和浓缩液中的难降解有机物时，主要受氧化剂投量、初始 pH 和反应时间的影响，另外 Fenton 法还受到 Fe^{2+}与 H_2O_2 投加比例的影响。为此，在垃圾渗滤液及浓缩液综合创新性实验部分，将设计 O_3 法去除垃圾浓缩液中难降解有机物和 Fenton 法氧化去除垃圾渗滤液中难降解有机物两个实验。实验将探讨不同反应条件因素对 Fenton 法和 O_3 法去除难降解有机物效果的影响规律，比较 Fenton 法和 O_3 法去除难降解有机物的特点。通过使用 Fenton 法和 O_3 法处理垃圾渗滤液或浓缩液这一实际废水，可加深学生对 Fenton 法和 O_3 法处理垃圾渗滤液的基本原理的理解，培养团队协作精神以及数据分析和处理实际工程问题的能力。为此我们设计了臭氧法去除垃圾浓缩液中难降解有机物实验和芬顿法氧化去除垃圾渗滤液中难降解有机物实验。

4.2 实验内容

本书编写的综合创新性实验共 10 项，分别为：

实验一 生活垃圾性能的分析评价及处理方案

实验二 垃圾填埋场的污染指标监测及分析

实验三 包气带水分及污染物迁移实验

实验四 污泥超强压榨脱水实验

实验五 固体废物固化预处理及毒性浸出综合实验

实验六 玉米秸秆生物炭的制备及对水体中镉的吸附实验

实验七 煤矸石资源化利用综合创新性实验

实验八 石棉尾矿的硫酸浸出及 SiO_2 和 MgO 的分离实验

实验九 钒钛钢渣制备催化剂及其性能研究实验

实验十 臭氧法去除垃圾浓缩液中难降解有机物实验

实验十一 芬顿法氧化去除垃圾渗滤液中难降解有机物实验

实验一 生活垃圾性能的分析评价及处理方案

（实验学时：8 学时；编写人：王东梅；编写单位：西南交通大学）

一、实验目的

人们消费水平的提升以及消费方式多样化的转变，不仅造成城市生活垃圾产生量不断增加，垃圾成分也日趋复杂多样，传统单一的垃圾处理方式已经不能完全适应当前的需求。尤其是在“双碳”目标下，更需要针对不同的垃圾组分、特性开展适宜的处理处置。由于不同地区生活垃圾的成分不一，所以准确掌握生活垃圾的特性对于垃圾处理方式的选择十分重要。本实验以成都市区生活垃圾为例，分析其特性，探寻适宜的生活垃圾处理方案。

通过本实验预达到以下目的：

（1）掌握生活垃圾组分及特性常用的分析方法；

（2）了解生活垃圾传统处理方法及近年来新的处理技术；

（3）具备根据不同地区生活垃圾的特性制定适宜处理方案的能力。

二、实验原理

1. 生活垃圾的物理性质

城市生活垃圾的主要物理性质包括含水率和密度，它们与垃圾的堆存、运输、加工处置与最终处理有着密切关系。含水率是指单位质量垃圾的含水量，它随季节、气候、垃圾组分而变化，与垃圾中动植物含量、食品垃圾的含量有关，其典型值变化范围一般为 15%～40%。可以通过垃圾的含水率计算出以垃圾干物质为基础的各种成分的含量，进一步研究垃圾特性。常用烘干法测定，具体测定步骤及计算方法可参考第二部分中的实验一。

容重是指在收集站自然堆放条件下，单位体积垃圾的质量（kg/m^3 或 t/m^3）。由于运输、加工与最终处置过程中，需要经过不同程度的压实，密度随压实程度而变化。

$$垃圾容重（kg/m^3）=\frac{1000}{称量次数}\sum\frac{每次称量质量（kg）}{样品体积（L）} \quad （1）$$

2．生活垃圾的化学性质

城市生活垃圾的化学性质主要包括化学成分和热值两项指标。根据不同的处理技术，常考虑的化学性质有所不同。垃圾堆肥技术常考虑的垃圾化学性质有：水分、有机质及元素组成等；而在实际堆肥中，垃圾的主要元素分析成分是 C、N、P、K，且常用 C/N 和 C/P 来表示。垃圾热处理技术常考虑的垃圾化学特性有水分、灰分、挥发分、固定碳和发热值等；而垃圾的主要元素分析成分是 C、H、O、N、S、Cl 等。

由于生活垃圾含有一定量的可燃成分，因此具有一定的含热量，热值表示单位质量垃圾完全燃烧后，待残余物温度降至燃烧前起始温度时所放出的热量（kJ/kg 或 kcal/kg）。垃圾热值的测定分析可参考第二部分的实验二。

生活垃圾的生物降解度，根据垃圾中可生物降解有机质比不可生物降解有机质更易于被化学氧化的特点，在原有“湿烧法”测定总有机质方法的基础上，采用常温反应，降低溶液的氧化能力，使之选择性地氧化生物可降解物质。具体测定分析可参考第二部分的实验三。

生活垃圾中含有铬、镉、铅等重金属，其对环境污染的主要特点是固体废物受雨水、地面水或地下水的淋溶、浸滤作用所产生的渗滤液对环境的污染。浸出毒性是指固态的危险废物遇水浸沥，其中有害物质迁移转化、污染环境、浸出的有害物质的毒性。本实验以《农用地土壤污染风险管控标准》（GB 15618—2018）农业用地背景值为评价标准，采用单因子指数法计算生活垃圾中的 5 种主要污染重金属（Cd、Cu、Zn、Hg 和 Cr）的单标污染系数 P_i：

$$P_i=\frac{C_i}{S_i} \quad （2）$$

式中：P_i——重金属 i 在测量中的单标污染系数；

C_i——重金属 i 的实测浓度，mg/kg；

S_i——评价标准当中重金属 i 的浓度，mg/kg。

三、仪器与材料

（1）有效高度 1 m、容积为 100 L 的硬质塑料圆桶，不同孔径的格筛，电子天平，磅秤，铁锹；

（2）干燥箱、马弗炉；

（3）氧弹式量热计、全自动热量仪、氧气罐、压片机；

（4）容量瓶、移液管、振荡器、锥形瓶；

（5）原子荧光光度仪、原子吸收分光光度计。

四、实验步骤

1．组成

（1）取垃圾试样 25～50 kg，按照有机物、无机物、可回收物等进行粗分拣。

（2）将粗分拣后的剩余物过 10 mm 筛，筛上物细分拣成各成分，筛下物按其主要成分分类，无法分类的为混合类。

（3）分类称量计算各成分组成。

$$C_{i(湿)}=\frac{M_i}{M}\times 100\% \tag{3}$$

$$C_{i(干)}=C_{i(湿)}\times\frac{1-C_{i(水)}}{1-C_{(水)}} \tag{4}$$

式中：$C_{i(湿)}$——湿基 i 成分含量，%；

M_i ——i 成分质量，kg；

M——样品总质量，kg；

$C_{i(干)}$——干基 i 成分含量，%；

$C_{i(水)}$——i 成分含水率，%；

$C_{(水)}$——样品含水率，%。

2．含水率

（1）将垃圾试样置于恒温干燥箱中，通常温度控制在（105±5）℃下，烘烤 4～8 h，取下冷却后称重。当垃圾主要为可燃物时，温度以 70～75℃为宜，烘烤时间 24 h。

（2）重复烘 1～2 h，再称量，直至质量恒定。当垃圾中有机物含量高时，完全达到质量恒定是困难的。所以一般以二次连续称量的误差小于总质量 4‰为标准。

（3）计算含水率。

3．容重

将采取的垃圾试样不加处理装满有效高度 1 m、容积 100 L 的硬质塑料圆桶内，稍加振动但不压实，称取并记录质量，重复 2～4 次后，计算其垃圾的容量。

4．热值

（1）将垃圾试样粉碎至粒径小于 0.5 mm 的微粒；

（2）在（105±5）℃下烘干至质量恒定；

（3）称 1.0 g 试样压片；

（4）把试样压片放入坩埚，将坩埚装在坩埚架上；

（5）在两电极上装好电火丝，拧紧弹盖，在充氧装置上充氧，压力为 2.8～3 MPa，充氧时间不少于 15 s；

（6）将氧弹装在内筒的氧弹架上，盖好内筒盖。打开计算机并启动全自动热量计，输入数据（试样编号和试样重量），其他所有操作都是自动进行。试验过程中如出现异常，计算机都将给予提示；

（7）计算热值。

5．生物降解度的测定

（1）称取 0.5 g 风干并经磨碎的试样，置于 250 mL 的容量瓶中；

（2）用移液管准确量取 15 mL 重铬酸钾溶液，加入瓶中；

（3）向瓶中加入 20 mL 硫酸，摇匀；

（4）从容量瓶中分取 25 mL 置于锥形瓶中，加试亚铁灵指示液 3 滴，用硫酸亚铁铵标准溶液滴定，溶液的颜色由黄色经蓝绿色至刚出现红褐色不褪即本次实验的终点，记录硫酸亚铁铵溶液的用量；

（5）用同样的方法在不放试样的情况下，做空白实验；

（6）计算生物可降解度。

6．重金属含量的测定

（1）取样品 10 g 在烘箱内（105±5）℃烘干并称之恒重；

（2）样品经高氯酸-浓硝酸法消解后，采用原子吸收分光光度计测定重金属元素的含量；

（3）将一定量王水加入二次样品中，于沸水浴中消解 2 h，冷却后用 5%盐酸转移至 50 mL 容量瓶中，定容后过滤；

（4）用原子荧光光度仪测定 As、Hg 和 Se 的含量，用原子吸收分光光度计测定 Pb、Cu、Ni、Cr 等的含量；

（5）所有分析中每种样品做 3 个平行，同时做空白以对照。

五、数据记录与处理

（1）计算垃圾的含水率、容重、热值。

（2）按表 1 填入各组分重量，并计算生活垃圾各组分干重与湿重的百分比、含水率（%）。

（3）采用单因子法计算重金属的污染指数，并进行评价。

表 1 原垃圾样品含量组成特征及重量、干湿重含水率

类别	厨余类	纸类	橡塑类	纺织类	木竹类	灰土类	砖瓦陶瓷类	玻璃类	金属类	其他	混合类
重量/kg											
干重百分数/%											
湿重百分数/%											
含水率/%											

六、制定方案（以成都市为例）

根据实验分析结果，结合成都地区生活垃圾总量、处理处置设施及特性分析的文献调研，以生活垃圾的“资源化、无害化、减量化”为原则，制定处理方案并进行方案优劣的分析。

七、思考题

（1）根据城市生活垃圾的特性，如何处置生活垃圾才能使其达到“资源化、无害化、减量化”。

（2）结合当前“碳达峰、碳中和”战略，思考生活垃圾处理技术发展的方向。

八、注意事项

（1）对城市垃圾取样应遵循随机性和合理性。

（2）保持实验室干净整洁，实验完成后实验用具、器皿等及时洗净、烘干、入柜，室内和台面均无大量物品堆积。

（3）实验操作中碰到疑问及时请教负责人，不得盲目操作。

实验二　垃圾填埋场的污染指标监测及分析

（实验学时：8学时；编写人：王东梅；编写单位：西南交通大学）

一、实验目的

垃圾填埋场（landfill）是用于处理和处置各种类型固体废物的工程设施。其主要目的是将固体废物安全地隔离，以降低固体废物对环境和生态系统的污染风险。然而，垃圾填埋场在运行过程中会产生多种污染物，可能对环境形成污染并危害生命体健康，因此，对这些污染物指标的监测是非常必要的。

垃圾填埋场的主要污染包括土壤污染和地下水污染。这两种主要污染相关的监测指标包括化学需氧量（COD）、生化需氧量（BOD）、氨氮、重金属、总有机碳（TOC）、总氮、总磷等。监测污染指标有助于保护周围环境，尤其是土壤和地下水。通过监测，可以及早发现潜在的污染问题，采取措施减少对环境的不良影响，确保生态系统的健康，并促进可持续发展。监测与分析的结果能够为决策者提供有关环境质量和可持续性的重要信息，有助于制定有效的环境保护政策与管理制度。本实验以含氮量、重金属（Cu）、BOD 3 种污染指标为例，指导性掌握监测方案的设计思路及实验分析方法。

通过本实验预达到以下目的：

（1）了解如何有效地进行环境监测；

（2）了解垃圾填埋场污染指标监测的基本原理与实验方法；

（3）熟悉根据环境监测结果对环境影响进行评估并制定处理方案的流程。

二、实验原理

1. 垃圾填埋场的环境监测方案

为系统地监测、评估和管理填埋场的环境影响，确保填埋场的运营不会对周围环境造成不良影响，需要制定一个具体的垃圾填埋场污染指标监测方案。本监测方案旨在确保对垃圾填埋场的总氮、重金属和总磷等主要污染指标进行有效监测。

1）监测点位选择。应根据填埋场的地理特征、地下水流动方向、潜在污染源及周边环境考虑，选择合适的监测点位，点位选择的多样性有助于全面评估填埋场对环境的影响。监测点应覆盖填埋场的关键区域，如填埋区、地下水监测井、渗滤液处理设施等。

2）采样。选择合适的采样点，包括填埋场周边的地下水监测井、渗滤液处理设施等。使用清洁的采样瓶，确保采样瓶无残留污染物。按照标准操作规程进行采样，记录采样时间、地点、气象条件等信息。需要确保采样过程中避免样品泄漏和污染，样品在采集后应立即适当保存，如在低温条件下冷藏或冷冻，以防止污染和化学变化。

3）样品分析。对采集的样品进行分析，测定样品的总氮、重金属含量和总磷。通常使用凯氏定氮法测定总氮；使用原子吸收光谱分析法（AAS）测定重金属（Cu）的含量；使用钼酸铵分光光度法测定总磷。

4）数据处理和统计分析。记录监测结果，包括样品来源、采集时间和各指标的测定结果。对监测数据进行统计和趋势分析，对比相关标准或背景值，以评估垃圾填埋场对周边环境的影响。

5）编写监测报告。根据监测结果，撰写详细的监测报告。报告应包括监测目的、监测方法、监测结果、数据分析等内容，并在报告中根据监测数据，提出改善填埋场污染情况和降低污染物排放的建议。

6）持续监测。根据垃圾填埋场的运营情况、周边环境等影响因素，确定合适的监测频率，如季度监测、半年监测等。建立长期监测机制，定期收集和分析数据，评估垃圾填埋场污染的变化趋势。持续监测是一个迭代过程，监测结果应反馈到监测方案和环境管理措施中，以不断改进填埋场的环境性能和合规性。

2. 污染物指标测定的原理

本实验以总氮、重金属（Cu）含量、总磷 3 种污染指标为例，分别介绍对其进行测定的实验原理。

1）凯氏定氮法测定总氮的原理。样品在催化剂（通常使用硫酸铜或硫酸钠）的作用下，经高温浓硫酸消解，转化为硫酸铵盐。随后硫酸铵盐经碱化蒸馏转化为氨气，用酸性接受液吸收（通常使用硼酸）形成氨盐。最后将氨盐溶液与已知浓度的标准氢氧化钠溶液进行酸碱滴定。指示剂（如甲基红）可以用来显示滴定的终点。通过计算滴定时消耗的标准氢氧化钠溶液的体积，可以得到样品中氮的含量。

2）原子吸收光谱分析法测定重金属（Cu）含量的原理。原子吸收光谱法是基于气态的基态原子外层电子对紫外光和可见光范围的相对应原子共振辐射线的吸收强度来定量被测元素含量为基础的分析方法。采用硝酸-高氯酸全分解的方法，彻底破坏样品，使试样中的待测元素全部溶解进入溶液。然后，将样品消解液经过 AAS 法测定。在火焰的高温下，铜化合物离解为基态原子，该基态原子蒸气对相应的空心阴极灯发射的特征谱线产生选择性吸收。在特定波长下测铜的吸光度，将测得的样品吸光度和标准溶液的吸光度进行比较，确定样品中被测元素的浓度。

3）钼酸铵分光光度法测定总磷的原理。在中性条件下用过硫酸钾使试样消解，将所含磷全部氧化为正磷酸盐。在酸性介质中，正磷酸盐与钼酸铵反应，在锑盐存在下生成磷钼杂多酸后，立即被抗坏血酸还原，生成蓝色的络合物，其吸光度与磷的含量成正比，用分光光度计测定其吸光度，计算磷的含量。

三、仪器与材料

1. 实验仪器

（1）凯氏定氮法测定总氮

1）分析天平；

2）可调温电炉；

3）凯氏定氮仪；

4）定氮瓶、石棉网、漏斗、容量瓶、滴定管。

（2）原子吸收光谱分析法测定重金属（Cu）含量

1）原子吸收分光光度计；

2）电热板；

3）分析天平；

4）锥形瓶、容量瓶等玻璃仪器。

（3）钼酸铵分光光度法测定总磷

1）可见分光光度计；

2）压力蒸汽灭菌锅；

3）分析天平；

4）50 mL 具塞刻度试管、30 mm 比色皿；

5）各种体积的玻璃移液管及其他实验室常用仪器设备。

2. 实验试剂

（1）凯氏定氮法测定总氮

1）浓硫酸（H_2SO_4）：ρ=1.84 g/mL。

2）盐酸标准滴定溶液：0.02 mol/L 盐酸标准溶液（使用前须标定）。

3）硼酸溶液（20 mg/L）：称取 20 g 硼酸，加蒸馏水溶解并稀释至 1 000 mL。

4）指示剂（如甲基红）：称取 0.1 g 甲基红，溶于 95%乙醇，用 95%乙醇稀释至 100 mL。

5）催化剂：分别称取 100 g 硫酸钾、10 g 五水合硫酸铜（$CuSO_4 \cdot 5H_2O$）和 1 g 硒粉于研钵中研细并充分混合均匀，贮存于磨口瓶中。

6）标准氢氧化钠溶液（400 g/L）：称取 40 g 氢氧化钠加蒸馏水溶解后，待冷却稀释至 100 mL。

（2）原子吸收光谱分析法测定重金属（Cu）含量

1）盐酸（HCl），ρ=1.19 g/mL；

2）硝酸（HNO_3），ρ=1.42 g/mL；

3）硝酸溶液，1+1（V/V）；

4）硝酸溶液，体积分数 0.2%；

5）高氯酸（$HClO_4$），ρ=1.67 g/mL；

6）硝酸-高氯酸混合液，V（HNO_3）/V（$HClO_4$）=1/4；

7）硝酸镧水溶液，质量分数 5%；

8）铜标准储备液，1.000 mg/mL：称取 1.000 0 g（精确至 0.000 2 g）高纯金属铜于 50 mL 烧杯中，加入硝酸溶液 3）20 mL，温热，待完全溶解后，转至 1 000 mL 容量瓶中，用水定容至标线，摇匀待用。

（3）钼酸铵分光光度法测定总磷

1）硫酸（H_2SO_4），ρ=1.84 g/mL。

2）硝酸（HNO_3），ρ=1.4 g/mL。

3）高氯酸（$HClO_4$），优级纯，ρ=1.68 g/mL。

4）硫酸（H_2SO_4），1+1（V/V）。

5）硫酸，约 c（1/2H_2SO_4）=1 mol/L：将 27 mL 硫酸 1）加入 973 mL 水中。

6）氢氧化钠（NaOH），1 mol/L 溶液：将 40 g 氢氧化钠溶于水并稀释至 1 000 mL。

7）氢氧化钠（NaOH），6 mol/L 溶液：将 240 g 氢氧化钠溶于水并稀释至 1 000 mL。

8）过硫酸钾，50 g/L 溶液：将 5 g 过硫酸钾（$K_2S_2O_8$）溶解于水并稀释至 100 mL。

9）抗坏血酸，100 g/L 溶液：溶解 10 g 抗坏血酸（$C_6H_8O_6$）于水中并稀释至 100 mL。此溶液贮于棕色试剂瓶中，在冷处可稳定几周。如不变色可长时间使用。

10）钼酸盐溶液：溶解 13 g 钼酸铵［$(NH_4)_6Mo_7O_{24}\cdot 4H_2O$］于 100 mL 水中。溶解 0.35 g 酒石酸锑钾（$KSbC_4H_4O_7\cdot 1/2H_2O$）于 100 mL 水中。在不断搅拌下把钼酸铵溶液徐徐加到 300 mL 硫酸 4）中，加酒石酸锑钾溶液并且混合均匀。此溶液贮于棕色试剂瓶中，在冷处可保存 2 个月。

11）浊度—色度补偿液：混合两个体积硫酸 4）和一个体积抗坏血酸溶液。使用当天配制。

12）磷标准贮备溶液：称取（0.219 7±0.001）g 于 110℃干燥 2 h 在干燥器中放冷的磷酸二氢钾（KH_2PO_4），用水溶解后转移至 1 000 mL 容量瓶中，加入大约 800 mL 水、5 mL 硫酸 4）用水稀释至标线并混匀。1.00 mL 此标准溶液含 50.0 μg 磷。本溶液在玻璃瓶中可贮存至少 6 个月。

13）磷标准使用溶液：将 10.0 mL 的磷标准溶液转移至 250 mL 容量瓶中，用水稀释至标线并混匀。1.00 mL 此标准溶液含 2.0 μg 磷。使用当天配制。

14）酚酞，10 g/L 溶液；0.5 g 酚酞溶于 50 mL 95%乙醇中。

实验药剂均使用符合国家标准的分析纯试剂。

四、实验步骤

1．凯氏定氮法测定总氮

1）试样的消解。称取试样（固体试样 0.2～2 g，半固体试样 2～5 g，液体试样 10～25 g，精确至 0.001 g）置移入于干燥的定氮瓶中，加入 2 g 催化剂与 20.0 mL 浓硫酸，摇匀，瓶口插入一个小漏斗，倾斜 45°置于可调温电炉上，瓶底放置一张有小孔的石棉网。待瓶内反应缓和时（约 30 min，瓶内泡沫完全停止时），适当调高温度，使溶液保持微沸，温度不宜过高，以硫酸蒸气在瓶颈上部 1/3 处冷凝回流为宜，待消解液全部变为灰白稍带绿色后，再继续消解 30～60 min，停止加热使其冷却。将上述冷却后的消解液全部转移到 100 mL 容量瓶中，并用少量蒸馏水洗涤 2～3 次一并转移至 100 mL 容量瓶中，定容、摇匀，静置得到上清液。

2）氨的蒸馏。打开自动凯氏定氮仪的电源开关，接着打开冷凝水。从 100 mL 容量瓶中吸取 10 mL 消解液于消解管中，将消解管安装到反应发生区的相应位置，并旋转拧紧。之后将装有指示剂的锥形瓶放到接收装置位置上，并调整锥形瓶高度，使塑料管插入液面以下。上述步骤完成后，在操控区域编辑程序，依次输入稀释水量（50 mL）、硼酸体积（50 mL）、加碱体积（50 mL）、蒸馏时间（5 min）与淋洗水量（20 mL）。按下启动按钮，开始蒸馏。蒸馏结束后，马上取下用盐酸标准溶液进行滴定。

3）记录实验数据并计算氮含量。该实验采用两个试样进行。以两次结果的算术平均值作为测定值。

2．原子吸收光谱分析法测定重金属（Cu）含量

1）标准曲线绘制。吸取铜标准使用溶液 0.00 mL、0.50 mL、1.00 mL、2.00 mL、3.00 mL、5.00 mL 于 50 mL 容量瓶中，加入 5 mL 硝酸镧溶液，用硝酸溶液 4）定容至标线，摇匀，待测。此时溶液中 Cu 的浓度为 0.00 μg/mL、0.20 μg/mL、0.40 μg/mL、0.80 μg/mL、1.20 μg/mL、2.00 μg/mL；选择波长和调节火焰，吸入硝酸溶液 4），将仪器调零。吸入空白、工作标准溶液或样品，记录吸光度。用测得的吸光度与相对应的浓度绘制标准曲线。

2）试样的测定。称取样品约 1.0 g（精确至 0.000 2 g），放于 150 mL 锥形瓶中，同时做两个空白，用少许蒸馏水润湿后，分别加入浓硝酸 15.00 mL，瓶口盖一弯颈小漏斗浸泡过夜，然后于电热板上消煮，由低温逐渐升温使液面保持微沸状态，当激烈反应完毕后，大部分有机物被完全分开，取下锥形瓶，稍冷后沿瓶壁加入 8.00 mL 硝酸-高氯酸

混合液继续消解，直至高氯酸冒白烟，内容物呈浆状，残渣发白近干。取下稍冷，用水冲洗瓶内壁，并加入 1 mL 硝酸溶液 3）温热溶解残渣。然后将溶液转移至 50 mL 容量瓶中，加入 5 mL 硝酸镧溶液，冷却后用蒸馏水定容至标线，摇匀，备测。然后上原子吸收分光光度计测定其吸光度。

3）记录实验数据并计算重金属（Cu）含量。根据扣除空白吸光度后的样品吸光度，在校准曲线上对比计算出样品中的金属铜浓度。

3．钼酸铵分光光度法测定总磷

1）标准曲线绘制。取 7 支具塞刻度管分别加入 0.0 mL、0.50 mL、1.00 mL、3.00 mL、5.00 mL、10.0 mL、15.0 mL 磷酸盐标准溶液，加水至 25 mL。将试样进行消解、显色和比色，以水做参比，测定吸光度。各曲线点对应的吸光度扣除空白的吸光度后，和对应的磷含量绘制标准曲线。

2）试样消解。向试样中加 4 mL 过硫酸钾，将具塞刻度管的盖塞紧后，用一小块布和线将玻璃塞扎紧（或用其他方法固定），放在大烧杯中置于高压蒸汽消毒器中加热，待压力达 1.1 kg/cm^2、相应温度为 120℃时，保持 30 min 后停止加热。待压力表读数降至零后，取出放冷。然后用水稀释至标线。

3）发色。分别向各份消解液中加入 1 mL 抗坏血酸溶液混匀，30s 后加 2 mL 钼酸盐溶液充分混匀。

4）分光光度测量。室温下放置 15 min 后，使用光程为 30 mm 比色皿，在 700 nm 波长下，以水做参比，测定吸光度。

5）记录实验数据并计算磷的含量。根据扣除空白吸光度后的样品吸光度，在标准曲线上对比计算出样品中的磷的含量。

五、数据记录与处理

1．凯氏定氮法测定总氮

（1）试样中氮的含量按式（1）计算：

$$X(\%)=\frac{(V-V_0)\times c\times 14.01\times 100}{m\times 100} \tag{1}$$

式中：V——滴定试样所消耗的盐酸标准滴定液体积，mL；

V_0——滴定空白时所消耗的盐酸标准滴定液体积，mL；

c——盐酸标准滴定液的浓度，mol/L；

14.01——氮原子的摩尔质量，g/mol；

m——试样质量，g。

（2）实验结果记录见表 1。

表 1　凯氏定氮法测定含氮量实验记录

样品编号	样品质量/g	消解时间/h	滴定时消耗盐酸标准溶液体积/mL	空白时消耗盐酸标准溶液体积/mL	含氮量/%	测定值/%

（3）精密度

在重复条件下获得的两次独立测定结果的绝对差值不得超过两者算术平均值的10%。

2．原子吸收光谱分析法测定重金属（Cu）含量

（1）样品中铜的含量按下式计算 W（mg/kg）：

$$W=\frac{cV}{m} \tag{2}$$

式中：c——试液的吸光度减去空白试验的吸光度，然后根据标准曲线算得铜的浓度，mg/L；

V——试液定容的体积，mL；

m——称取试样的重量，g。

（2）实验结果记录见表 2。

表 2　原子吸收光谱分析法测定重金属（Cu）含量实验记录

样品名称	铜的浓度/（μg/mL）	吸光度（A）
标准样品 1		
标准样品 2		
标准样品 3		
标准样品 4		
标准样品 5		
标准样品 6		
空白水样		
空白水样		
待测样品		

（3）根据表中数据绘制标准曲线。

3．钼酸铵分光光度法测定总磷

（1）试样中磷的含量ρ（mg/L）表示按式（3）计算：

$$\rho = \frac{m}{V} \tag{3}$$

式中：m——试样根据标准曲线求得的含磷量，μg；

V——测定用试样体积，mL。

（2）实验结果记录见表 3。

表 3　钼酸铵分光光度法测定含磷量实验记录

样品名称	磷含量/（mg/L）	吸光度（A）
标准样品 1		
标准样品 2		
标准样品 3		
标准样品 4		
标准样品 5		
标准样品 6		
标准样品 7		
空白水样		
待测样品		

（3）根据表中数据绘制标准曲线。

六、思考题

（1）简述含氮量测定的影响因素。

（2）原子吸收光谱法中为什么要用待测元素的空心阴极灯作为光源？

（3）简述含磷量测定的影响因素。

（4）分析本实验中测定的污染物指标在垃圾填埋场中的产生来源以及迁移途径，包括地下水、土壤和大气。

七、注意事项

（1）启动凯氏定氮仪与分光光度计前需仔细检查设备是否处于安全状态，实验过程中应做好个人防护。

（2）将试样进行消解时，注意防止将试样与消解试剂洒落在瓶口与瓶壁。

（3）特别注意点火和熄火时的操作顺序：点火时一定要先打开助燃气，然后再开燃气；熄火时必须先关闭燃气，待火熄灭后再关助燃气。

（4）显色时间不宜过长（不超过 1 h）。

（5）抗坏血酸和钼酸盐的加入顺序不可混淆。

八、垃圾填埋场污染分析与评价

获得总氮、重金属（Cu）的含量、总磷等 3 种污染物指标的实验数据后，通常进行按照以下流程进一步的垃圾填埋场污染分析与影响评价，以确保填埋场的运营不会对周围环境和社会造成不良影响。

1）数据整理与处理。整理实验数据，确保数据准确性和完整性；进行数据质控，排除异常值或错误数据。

2）浓度分布分析。根据不同监测点位测得的数值绘制总氮、铜含量、总磷的浓度分布图，了解不同位置和深度的污染物浓度分布情况并计算统计参数，如平均值、中位数、标准差等，以描述数据的集中趋势和变异性。

3）污染物迁移路径分析。根据数据和地质水文信息，分析污染物的迁移路径和可能的传播途径；确定是否存在地下水、土壤或大气的潜在污染风险。

4）环境风险评估。使用获得的实验数据和地质水文模型，进行环境风险评估，确定填埋场对周围环境的潜在影响；根据评估结果，评估是否存在环境质量问题，并确定是否需要采取进一步的控制措施。

5）法规合规性评估。将实验数据与适用的环保法规和标准进行比较，以确定是否符合法规要求；确定是否需要采取措施来确保合规性。

6）环境修复规划和管理策略。如果评估结果显示存在环境问题，制定修复规划，包括选择合适的修复技术和时间表，同时应制定环境管理策略，包括监测、控制和预防措施，以减少进一步的污染。

7）定期监测与更新。建立持续的监测体系，定期检查填埋场的环境状况，确保环境质量得到有效维护；根据监测结果和新信息，调整管理策略和修复计划。

实验三 包气带水分及污染物迁移实验

（实验学时：8 学时；编写人：刘建；编写单位：西南交通大学）

一、实验目的

包气带是指地面以下、潜水面以上的部分，是固、液、气三相同时存在的复杂系统。由于土壤毛细作用，地下水会沿着松散岩石中的细小孔隙上升形成毛细水带。因此，包气带较饱水带多了毛细力或基质吸力，具有吸收水分、保持水分和传递水分的作用。当地下水受到污染后，水中污染物会在毛细作用的驱动下向上迁移，进而污染含水层上覆土壤。

通过本实验预达到以下目的：

（1）了解包气带中毛细水的上升规律；

（2）了解包气带中污染物的迁移规律。

二、实验原理

毛细现象是指液体在细管状物体内侧，由于其表面张力（内聚力）与附着力的差异、克服地心引力而变化的现象。由于任何液体都有力图缩小其表面的趋势，因此一个液滴总是力求成为球状，因为球状是同一容积液体表面最小的形状。如图 1 所示，在表面张力作用下，弯曲液面对液面以内的液体产生附加表面压强 P_c，也称毛细负压，其方向总是指向液体表面的曲率中心。当液面为凹液面时，P_c 为负压强，此时液体表面的大气压强 $P_a > P_a - P_c$，液面就会不断上升，直到上升液柱的静压强抵消附加压强为止。其上升高度为

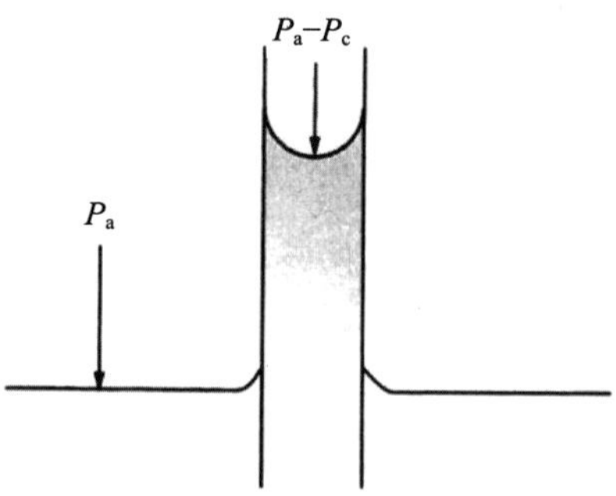

P_a—液体表面大气压强；P_c—弯液面附加压强

图 1 毛细现象

$$H=\frac{2T\cos\alpha}{r\gamma_{\mathrm{w}}} \tag{1}$$

式中：H——毛细上升高度；

T——表面张力系数；

α——接触角；

γ_{w}——水的容重；

r——毛细管半径。

当地下水受到污染时，水中污染物会随着毛细水一起向上迁移进入土壤。污染物在迁移过程中与土壤、岩石、水等介质的相互作用使其含量随空间和时间变化。这些作用主要包括分子扩散、渗透分散（或对流）、机械过滤、溶解、沉淀和吸附等。污染物的性质不同，其迁移规律也会出现差异。

本实验以含有氯离子、铬、铅、锌的人工模拟污水作为进水，通过柱实验，模拟含水层中污染物向包气带的迁移过程，了解毛细水的上升规律和污染物在包气带中的迁移规律。

三、实验材料、仪器与设备

1．实验材料

（1）黏土：5.0 kg；

（2）土工布：规格 200 g/m^2；

（3）橡皮塞：中部直径约 2.0 cm；

（4）塑料盆：直径≥30 cm，高度≥10 cm；

（5）小勺：宽度＜2 cm；

（6）沙砾石：粒径 2～8 mm；

（7）试剂：重铬酸钾（$K_2Cr_2O_7$）、硝酸铅［$Pb(NO_3)_2$］、硝酸银（$AgNO_3$）、氯化锌（$ZnCl_2$）的分析纯。

2．包气带迁移实验仪器与设备

（1）有机玻璃柱：见图 2；

（2）天平：精度为 0.01 g；

（3）干燥箱；

（4）烧杯：100 mL；

（5）容量瓶：2 L。

实验装置如图 2 所示：装置主体为一根有机玻璃柱，柱高为 30 cm，直径为 10 cm；柱底部填充 5 cm 高的沙砾石层，上面铺设一层土工布，土工布上面铺设 25 cm 高的干燥黏土层；柱底部 4 个方向居中位置各开一个圆形进水口，黏土填充层每间隔 5 cm 设置孔径 2 cm 的圆形取样口。

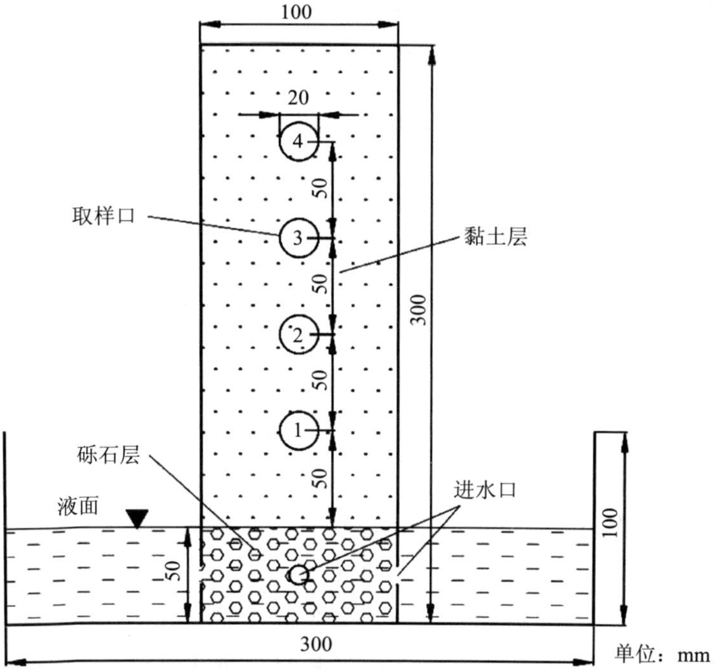

图 2　包气带迁移实验装置

3. 土壤含水率测定仪器与设备

（1）天平：精度为 0.01 g；

（2）干燥箱；

（3）烧杯：50 mL 或 100 mL。

4. 土壤重金属测定材料、仪器与设备

有关重金属测定所需材料、仪器和设备见第二部分实验八。

5. 土壤中氯离子测定仪器与设备

（1）滴定管；

（2）烧杯：100 mL、250 mL；

（3）容量瓶：100 mL、1 L；

（4）三角瓶：150 mL；

（5）天平：精度为 0.01 g；

（6）500 mL 大口塑料瓶。

四、实验步骤

1．包气带迁移实验

（1）实验准备

1）配制模拟污水：将 3.83 g 氯化锌、0.32 g 硝酸铅和 0.57 g 重铬酸钾在烧杯中用去离子水溶解后转入 2 L 棕色容量瓶，定容、混匀，所配制溶液中氯离子、锌、铅、铬的浓度分别约 1 000 mg/L、789 mg/L、100 mg/L、100 mg/L；

2）土壤预处理：去除杂物、研磨过 80 目筛、烘干（105℃加热 8 h），混合均匀后备用。

3）装柱过程参考前面的介绍。

（2）实验过程

1）将装填完毕的玻璃柱放入盆内，倒入配制好的模拟污水，使液面不低于 5 cm；

2）观察并记录湿润峰到达每一个取样口（中心位置）的时间；

3）当湿润峰到达最后一个取样口（中心位置）时，将柱子从盆内移出，立刻使用小勺从上至下在每个取样口采集土样，并记为 T4～T1。之后测定土样中氯离子、铬、铅、锌的含量及土样含水率。

2．土壤含水率测定

采用称重法测定。用天平称重空烧杯，记作 M_0；取土壤样品装入烧杯称重，记作土样的湿重 M_1，在 105℃的烘箱内将土样烘干 6～8 h，然后测定烘干土样，记作土样的干重 M_2；将土样在 105℃的烘箱内再次烘干 3～5 h，然后测定烘干土样，与上次称重相差不超过 0.05 g，即视为已达到恒重。土壤含水率计算公式如下：

$$w=\frac{M_1-M_2}{M_2-M_0}\times 100\% \tag{2}$$

式中：w——土壤含水率，%；

M_0——空烧杯质量，g；

M_1——烘干前烧杯及土壤样品质量，g；

M_2——烘干后烧杯及土壤样品质量，g。

3．土壤中重金属的测定

有关土壤的消解方法及步骤参照《土壤和沉积物 铜、锌、铅、镍、铬的测定 火焰原子吸收分光光度法》（HJ 491—2019），有关重金属的测定方法及步骤见第二部分实验八。

4．土壤中氯离子的测定

土壤中氯离子的测定采用硝酸银滴定法[《土壤检测　第 17 部分：土壤氯离子含量的测定》（NY/T 1121.17—2016）]。用水浸提土壤中的氯离子，然后在中性至弱碱性范围内（pH 为 6.5～10.5）以铬酸钾为指示剂，用硝酸银标准溶液滴定试液中的氯离子。

（1）试剂准备

1）称取 3.398 g 硝酸银，在烧杯中用去离子水溶解后转入 1 L 棕色容量瓶，定容，摇匀，得到 0.02 mol/L 硝酸银标准溶液；

2）称取 5.0 g 铬酸钾，溶于 40 mL 去离子水中，滴加 1 mol/L 硝酸银溶液至刚有砖红色沉淀生成为止，摇匀。静置 12 h，过滤，滤液用水稀释至 100 mL，得到 5%（*m*/*V*）铬酸钾指示剂。

（2）滴定

1）称取土样适量（2～5 g），放入 500 mL 大口塑料瓶内，加入 250 mL 无二氧化碳蒸馏水；

2）将塑料瓶用橡皮塞塞紧后在振荡机上振荡 3 min；

3）振荡后立即用真空抽滤机过滤，将过滤出的前 10 mL 滤液弃去，以获得清亮的滤液，加塞备用；

4）吸取待测滤液 25.00 mL，放入 150 mL 三角瓶中，滴加 5%铬酸钾指示剂 8 滴，在不断摇动下，用硝酸银标准溶液滴定至出现砖红色沉淀且经摇动不再消失为止。记录消耗硝酸银标准溶液的体积（V）。取 25.00 mL 蒸馏水，同上法作空白试验记录消耗硝酸银标准溶液体积（V_0）。

（3）土壤中氯离子含量计算

土壤中氯离子含量的计算公式为

$$w(\mathrm{Cl^-})=\frac{c\times\left(V-V_0\right)\times D}{m}\times 35.5 \tag{3}$$

式中：$w(\mathrm{Cl^-})$——氯离子含量，g/kg；

V、V_0——滴定待测液和空白消耗硝酸银标准溶液的体积，mL；

c——硝酸银标准溶液浓度，mol/L；

D——分取倍数，250/25；

m——称取试样质量，g；

35.5——$\mathrm{Cl^-}$的摩尔质量，g/mol。

五、实验报告要求

1. 实验记录

（1）湿润峰运移记录

表 1　湿润峰运移记录

取样口	1	2	3	4
湿润峰到达所需时间/min				

（2）土样检测记录

表 2 土样检测记录

土样编号	各检测指标				
	含水率/%	Cl^-/（mg/kg）	Cr/（mg/kg）	Pb/（mg/kg）	Zn/（mg/kg）
T1					
T2					
T3					
T4					

2. 实验结果分析

（1）毛细上升高度随时间变化趋势图；

（2）土壤含水率随高度的变化趋势图；

（3）土壤中 Cl^- 含量随高度的变化趋势图；

（4）土壤中 Cr 含量随高度的变化趋势图；

（5）土壤中 Pb 含量随高度的变化趋势图；

（6）土壤中 Zn 含量随高度的变化趋势图。

六、思考题

（1）随着实验的进行，湿润峰面在土柱中运移速率逐渐变慢，试分析其原因。

（2）各污染物在包气带中的迁移规律有何异同？试分析原因。

（3）如何减少地下水中污染物向包气带的迁移？

实验四 污泥超强压榨脱水实验

（实验学时：8 学时；编写人：张爱平，马玉洁；编写单位：四川师范大学）

操作视频

一、实验目的

污泥脱水分为自然干化脱水和机械脱水。采用自然干化脱水，主要是依靠自然条件（如风吹、日晒等）的蒸发作用及池底滤料的过滤作用进行干化，当污泥含水率降到一定程度后，再将污泥人工清运至焚烧炉焚烧处理。虽然自然干化脱水方便经济，但是存在污泥脱水周期长、干化效果差等问题，造成污水处理单元检修工作滞后，影响正常运行；且污泥自然干化过程中，干化不均匀，表层污泥干化效果较好，而底部污泥含水率仍较高，干化、焚烧处理难度大。机械脱水种类较多，按原理可分为真空过滤脱水、压滤脱水和离心脱水，目前国内外最新的机械脱水方式为挤压式脱水，该脱水机较离心脱水机节电、高效，脱水后泥饼的含水率低。污泥脱水前需进行化学调质，以改善污泥脱水性能。

在原理上，污泥超强压榨脱水属于挤压式脱水的一种，其目的是进一步减少污泥的质量和体积，便于后续的处理、处置和利用。污泥中的水分主要分为间隙水、毛细水、附着水和内部水（胞内水）4 种，如图 1 所示。污泥超强压榨脱水是污泥深度脱水处理工艺中的一个环节，其目的是进一步去除污泥中的间隙水和毛细水，即对常规机械脱水后的污泥（含水率 60%～80%）进行深度脱水，进一步降低污泥的含水率（至 50%及以下），为污泥的最终处置和资源化利用创造条件。

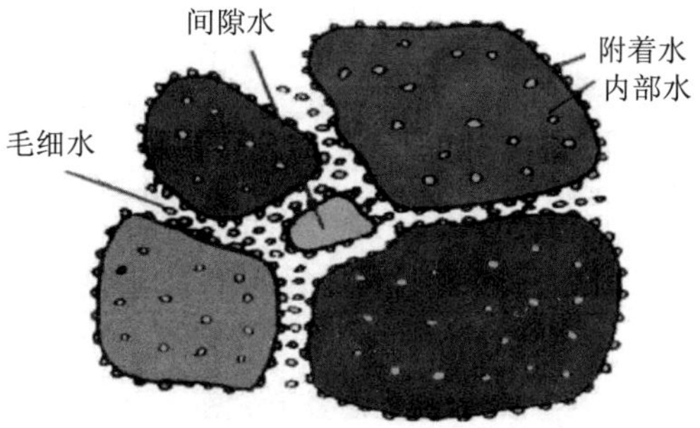

图 1 污泥中的 4 种水分形式

通过本实验预达到以下目的：

（1）比较自然干化污泥与挤压式污泥脱水性能的差异。

（2）了解生石灰、三氯化铁混合污泥调理剂的工作原理。

（3）掌握污泥超高压设备脱水的基本方法和相关操作。

二、实验原理

不同含水率的污泥性质有很大的区别。例如，含水率 99%的污泥，含水率下降 1%，重量可减少近一半（含水率 99%的污泥 100 t，将含水率降到 98%，污泥重量只有约 50 t）。所以如何实现污泥的高效脱水是目前解决污泥污染问题的重点与难点。一种用于实验室的污泥挤压脱水装置（图 2），包括前后通透的矩形框架，所述矩形框架的底板上放置有污泥杯，所述污泥杯底排布有通孔阵列，所述污泥杯内装有被滤网包裹的污泥，所述污泥上部设置与污泥杯内框相匹配的挤压板，所述挤压板上部安置有千斤顶，当污泥脱水装置运作时，所述千斤顶一端置于挤压板上，另一端与矩形框架的顶板内侧紧密接触。超高压设备的工作原理为利用矩形框架的结构，千斤顶置于框架内部，其靠矩形框架上板提供向下的压力，下板提供向上的支持力，完成污泥杯内被滤网包覆污泥的挤压脱水过程。所有的结构均是分离设置，无须额外的固定结构，其挤压脱水效果好，且方便移动，不仅可以在实验室内使用，也可在户外具有平整环境的地面使用，其使用范围广泛，如应用于某污水厂 400 t/d 市政污泥的脱水（图 3）。

生石灰和三氯化铁可作为调质剂对污泥进行脱水前的预处理，增强后续的脱水性能。本实验着重探究生石灰和三氯化铁按照不同配比对污泥进行调理后的含水率进行测定。实验流程如图 4 所示。

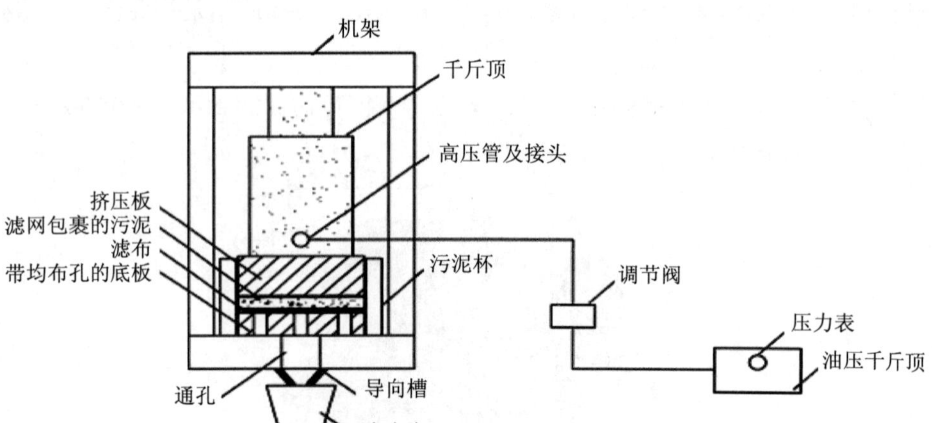

图 2　实验装置示意图

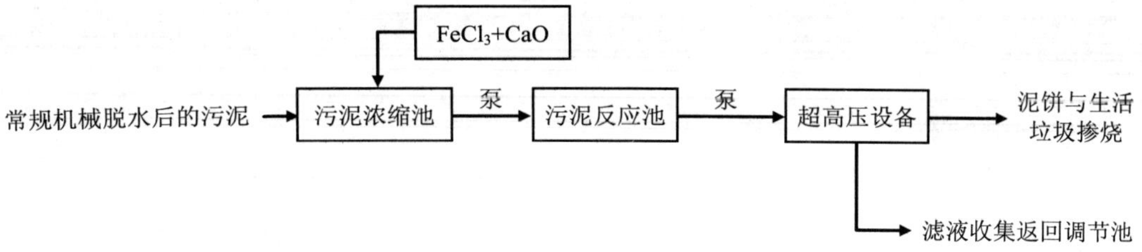

图 3 某污水厂 400 t/d 污泥脱水应用实例

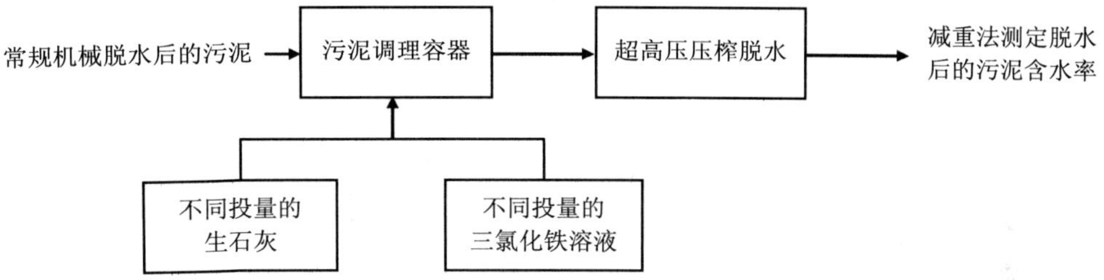

图 4 实验流程图

三、仪器与材料

（1）超高压设备，自制；

（2）电热鼓风干燥箱，101-2AB；

（3）电子计重天平，YP10K-1；

（4）烧杯，250 mL，若干；

（5）玻璃棒，若干；

（6）生石灰，化学纯；

（7）三氯化铁溶液，化学纯，约 35%（可根据污泥特性，做适当调整）；

（8）常规机械脱水后的污泥，含水率 60%～80%；

（9）用于污泥自然干化的托盘，若干。

四、实验步骤

1. 制样

分别取 200 g 常规机械脱水后的污泥（含水率 60%～80%），根据自然气象条件，自然干化 1～7 d，每天取污泥样品约 5 g，封存，待测含水率。

2. 三氯化铁溶液的配制

称量 35 g 六水合三氯化铁，加入烧杯中。用玻璃棒搅拌，使六水合三氯化铁固体完全溶解，加入适量的浓盐酸，定容至 100 mL。三氯化铁溶液，可根据污泥特性，做适当调整。

3．污泥的调理

取 6 个烧杯，清洗干净、干燥后并做好标记，编号（1～6）。分别取 200 g 常规机械脱水后的污泥（含水率 60%～80%），根据工程经验和准备实验可知，依次加入污泥重量 4%、5%、6%的三氯化铁溶液和污泥重量 5%、8%的生石灰，即向 1 号、2 号烧杯加入污泥重量 4%的三氯化铁 8 g，向 3 号、4 号烧杯加入污泥重量 5%的三氯化铁 10 g，向 5 号、6 号烧杯加入污泥重量 6%的三氯化铁 12 g；再向 1 号、3 号、5 号烧杯加入 10 g 生石灰，2 号、4 号、6 号烧杯加入 16 g 生石灰，使用玻璃棒充分搅拌、摇匀 5 min（投量和调理时间可根据实际经验、污泥样品做适当调整），确保三氯化铁溶液和生石灰与污泥完全混合。不同加药方案，可根据污泥特性，做适当调整。

4．污泥的压榨

取调理后的污泥 150 g，在超高压设备下对污泥进行压榨脱水，缓慢升压，到达设计压力 20 MPa 后，保持 5 min，然后缓慢释放压力，取出压榨后的污泥。

5．污泥含水率的测定

取约 5 g 自然干化、压榨前、压榨后的污泥样品，称重并记录污泥湿重。将污泥样品放入烘箱中，设置温度为 105℃，烘干 2 h，可根据实际情况延长烘干时间，直到恒重。烘干后，再次称重并记录污泥干重。根据测量前后的重量差，计算污泥样品的含水率。

单位质量污泥的含水量，用质量分数（%）表示。

$$\text{含水率（\%）}=\frac{\text{最初重量}-\text{烘干后重量}}{\text{最初重量}}\times 100\% \tag{1}$$

烘干后反复称量，多次取平均。

五、数据记录与处理

（1）将实验结果记录在表 1 中。

（2）分析泥饼含水率差异的原因。

表 1　不同加药方案脱水效果

加药方案	泥饼的含水率/%
空白（常规机械脱水后的污泥）	
自然干化 1 d	
自然干化 2 d	
自然干化 3 d	
自然干化 4 d	

加药方案		泥饼的含水率/%
自然干化 5 d		
自然干化 6 d		
自然干化 7 d		
4% $FeCl_3$ 溶液	5% CaO	
5% $FeCl_3$ 溶液	5% CaO	
6% $FeCl_3$ 溶液	5% CaO	
4% $FeCl_3$ 溶液	8% CaO	
5% $FeCl_3$ 溶液	8% CaO	
6% $FeCl_3$ 溶液	8% CaO	

六、思考题

（1）观察不同含水率下污泥的物理性状，分析影响污泥脱水效果的因素都有哪些？

（2）分析生活污泥难脱水的主要原因，对污泥的处置和资源化利用提出有效建议。

（3）比较自然干化污泥 7 d 含水率的变化，并比较与超强压榨污泥含水率的差异，分析原因，解释超强压榨脱水的原理。

七、注意事项

（1）称量时，污泥含有很多水分，要用干燥的烧杯称量，不要用称量纸称量。

（2）投加三氯化铁和氧化钙时会散热，并挥发出氨气，要注意做好个人防护和通风。

（3）压榨时，为保证压力的有效传递和压榨效果，要保持压力至少 5 min（具体根据实际样品的情况适时调整）。

（4）为防止污泥飞溅和保证压榨效果，在包装压榨时，要注意包紧，且要缓慢升压。

实验五　固体废物固化预处理及毒性浸出综合实验

（实验学时：8 学时；编写人：钟敏，韩智勇；编写单位：成都理工大学）

操作视频

一、实验目的

固化/稳定化技术是处理有毒有害废物较为成熟的预处理技术，常用于重金属和放射性污染土的无害化处理。该技术是用物理-化学方法将污染物固定或包封在密实的惰性基材中，使其稳定化，防止或者降低污染土释放有害化学物质过程的一组修复技术，经过固化稳定化处理后的产物，如满足浸出毒性标准或者资源化利用标准，可以进入普通填埋场处置或进行资源化利用。

通过本实验预达到以下目的：

（1）掌握水泥固化的反应机理及工艺操作过程；

（2）了解破碎、筛分的工作原理；

（3）了解水泥固化体抗压强度测定的基本原理和操作方法；

（4）通过毒性浸出实验，可探究影响固物水泥固化效果的因素。

二、实验原理

固化/稳定化技术根据所采用的固化剂种类，分为水泥固化技术、石灰类固化技术、矿物吸附固化技术、热塑性材料固化技术和玻璃化技术等。在众多的固化基料中，水泥固化由于工艺简单、成本低、原材料易得等特点成为最常用的危险废物稳定化处理工艺。

水泥是一种无机胶结材料，主要成分是硅酸三钙（$3CaO \cdot SiO_2$）和硅酸二钙（$2CaO \cdot SiO_2$），经水化反应后可生成坚硬的水泥固化体。在处理过程中，水泥与污染物之间主要产生以下作用：复分解沉淀反应、氧化还原反应、物理吸附、同晶置换作用、微匣限作用。具体的水化反应如下：

$3CaO \cdot SiO_2$ 的反应式：

$$2(3CaO \cdot SiO_2)+6H_2O \longrightarrow 3CaO \cdot 2SiO_2 \cdot 3H_2O+3Ca(OH)_2$$

$2CaO \cdot SiO_2$的反应式：

$$2(2CaO \cdot SiO_2)+4H_2O \longrightarrow 3CaO \cdot 2SiO_2 \cdot 3H_2O+Ca(OH)_2$$

硅酸盐水泥中最快的反应式：

$$3CaO \cdot Al_2O_3+6H_2O \longrightarrow 3CaO \cdot Al_2O_3 \cdot 3H_2O+\text{热量}$$

但水泥固化也存在一些不可忽视的问题：①孔隙率较大，体积膨胀效应明显；②废物若含有特殊盐类，会造成固化体破裂；③有机物的分解造成裂隙，增加渗透性，降低结构强度。此外，由于水泥固化以包裹形式为主，易发生反溶现象，造成二次污染等。

在被固化的废物中，若含有某些对水泥固化性能产生影响的成分，则必须投配适量添加剂，一般包括减水剂、缓凝剂、促凝剂、吸附剂等。如可通过加入添加剂来减少有机污染物对水泥水合反应的干扰，增加固化效果，常用的添加剂为有机改性的和天然黏土、蛭石、粉煤灰、可溶解的硅酸钠等。粉煤灰是应用较广的添加剂之一，它是一种呈颗粒状的微细工业固体废弃物，具有物理组织多孔，比表面积大，吸附活性好等特点。此外，粉煤灰与水泥水化产物 $Ca(OH)_2$ 起二次反应生成 O-Si 凝胶，不仅使混相中游离 $Ca(OH)_2$ 相对减少，同时提供反应物的沉淀场所，碱性激活作用促进了 $n CaO \cdot SiO_2$ 的水化，形成新的水化硅酸盐和水化铝酸盐。其细小微珠起填充作用，使泥浆体结构中毛细空隙“细化”，可使固化物更加密实，增大固化物后期强度。

为确保水泥固化获得满意的效果，在水泥固化操作中需要考虑 pH，废物、水泥和添加剂三者的质量比，凝固时间，养护时间，固化块的成型工艺，粒径大小，浸出时间影响因素等。本次实验通过设计粉煤灰和水泥的配比，通过浸出实验，分析颗粒粒径和浸出时间对浸出率的影响，同时在实验过程中，学习筛分、破碎、固化等固体废物的预处理过程。

三、实验设备与材料

1. 样品

（1）人工污染土样：将 500 mL Cr^{6+}浓度为 2 μg/mL 的重铬酸钾溶液与 1 kg 的风干土样充分混合后，风干；

（2）普通硅酸盐水泥；

（3）粉煤灰。

2. 仪器

（1）电子天平，精度 0.01 g；

（2）往复式振荡器；

（3）可见分光光度计；

（4）小型颚式破碎机；

（5）鼓风干燥箱；

（6）恒温恒湿箱；

（7）电子万能材料试验机。

3．器皿

（1）不同粒径规格标准筛；

（2）50 mm×50 mm×50 mm 的三联方形砂浆试验模具；

（3）物料混合搅拌容器，塑料小碗；

（4）游标卡尺；

（5）100 mL 离心管；

（6）50 mL 比色管。

4．药剂耗材

（1）铬标准储备液：准确称取 0.282 9 g 重铬酸钾（基准试剂，预先在 110℃烘 2 h）溶于水中，转移到 1 000 mL 容量瓶中，并稀释至标线，摇匀，此溶液含六价铬 100 μg/mL。

（2）铬标准使用液：准确吸取铬标准储备液 20.00 mL 于 1 000 mL 容量瓶中，用纯水定容，摇匀。此溶液含 2 μg/mL。

（3）磷酸（H_3PO_4）：$\rho = 1.69$ g/mL，分析纯。

（4）磷酸溶液（1+1）：量取 100 mL 磷酸加入 100 mL 水中，摇匀。

（5）硫酸（H_2SO_4）：$\rho = 1.84$ g / mL，分析纯。

（6）硫酸溶液（1+2）：量取 50 mL 硫酸加入 100 mL 水中，摇匀。

（7）0.25 %二苯碳酰二肼溶液：称取 0.25 g 二苯碳酰二肼，溶于 50 mL 丙酮中，加水稀释至 100 mL，贮于棕色瓶中，冷藏保存。

四、实验步骤

1．土壤筛分

将人工污染土过 10 目标准筛。

2．物料混合与固化体制备

按照以下物料配比制备 A、B、C 三个固化体，每个固化体总质量为 160 g。其中 A 和 C 固化体配比为污染土∶水泥∶沙等于 1.0∶0.5∶0.5，B 固化体的配比为污染土∶水泥∶沙∶粉煤灰等于 1.0∶0.5∶0.25∶0.25。A、B 固化体用于浸出毒性实验，C 固化体用于抗压强度测试。

先将物料按比例称量好后置于搅拌容器中，用玻璃棒搅拌混合，再掺入适量蒸馏水充分混合均匀。将混合好的物料分 2～3 次全部转移到方形砂浆试验模具中，每次加入后振捣、压实，以减少孔隙产生。将制备好的固化体模具盒放在恒温恒湿箱中养护 7 天，养护温度为（20±2）℃，相对湿度为 95 %。

3．固化体破碎与筛分

将养护好的 A 和 B 两个固化体用小型颚式破碎机进行破碎，自选粗细两种不同粒径标准筛筛分固化体，分别得到粗破碎样 A1、B1 和细破碎样 A2、B2。同时记录粗筛和细筛的目数，并称量和记录土样质量。

4．浸出毒性实验

将每个粗筛样和细筛样各称取 2 份，每份样品 5.000 g，分别置于 100 mL 离心管中，编号为 A11、A12、B11、B12 和 A21、A22、B21、B22，在每个试样中加入 50 mL 蒸馏水，盖紧瓶盖后垂直固定于往复式水平振荡器上调节频率为 110±10 次/min，进行振荡浸取实验。其中 A11、B11、A21、B21 振荡 30 min；A12、B12、A22、B22 振荡 90 min。然后将试样置于离心机离心后，取出上清液过滤并定容于 50 mL 比色管中，摇匀，待测。

5．标准曲线制备及样品测定

（1）标准曲线制备

准确移取铬标准使用液（2.00 μg/mL）0.0 mL、1.0 mL、2.0 mL、4.0 mL、6 mL、8 mL 于 50 mL 比色管中，用蒸馏水稀释至 50 mL，加入（1+1）磷酸 1 mL，（1+1）硫酸 0.50 mL，摇匀，加入二苯碳酰二肼溶液 2 mL，迅速摇匀。放置 10～15min 后用 30 mm 比色皿，于波长 540 nm 处，以试剂空白作为参比测量吸光度。以六价铬的浓度为横坐标，吸光度为纵坐标绘制标准曲线。

（2）浸出液铬离子浓度测定和计算

向浸出液中依次加入（1+1）磷酸 1 mL，（1+1）硫酸 0.50 mL，摇匀，加入二苯碳酰二肼溶液 2 mL，迅速摇匀，静置 10～15 min，用 30 mm 比色皿于 540 nm 处以试剂空白做参比，测量吸光度，并通过标准曲线计算出铬离子浓度。根据固化体含水量情况，称取 5～10 g 样品于预先干燥恒重的具盖容器中，于 105℃下烘干，恒重至±0.01 g，计算含水率。进行水分测定后的样品，不得用于进出毒性试验。

6．含水率测定

根据固化体含水量情况，称取 5～10 g 样品于预先干燥恒重的具盖容器中，于 105℃下烘干，恒重至±0.01 g，计算含水率。进行水分测定后的样品，不得用于进出毒性试验。

7．抗压强度测试

采用电子万能材料试验机测试固化体 C 的抗压强度。

（1）开机前仔细检查仪器各零部件，确认设备完好、连接正常。按试验机-计算机顺序开机，打开操作软件。

（2）将夹具已安装到测试设备上，则对夹具进行检查，并根据固化体的高度及夹具的间距设置好上下限位。选择适当的速度使试验机升降运行，确定仪器运行正常。

（3）先将试样模块夹在接近力传感器一端的夹头上，力清零消除试样自重后再夹持试样的另一端。

（4）在操作软件上新建方案，并设置试验方案，根据试样测试要求，填入相关参数及选定试验标准。

（5）打开电机开关，开始试验，同时观察力值（或位移、峰值）及速率。运行中若出现意外情况应立即停止试验。

（6）当试件断裂后试验结束。程序自动计算结果并生成曲线。取下试件，并描述固化体破坏情况。

（7）关闭材料拉力试验机的操作电脑，关闭试验仪器主电源。清理仪器。

（6）记录消耗的硫酸亚铁铵体积。在表 1 中记录相关数据。

五、数据记录与处理

1. 实验数据记录见表 1、表 2

表 1 Cr^{6+}标准曲线记录表

序号	Cr^{6+}标准溶液体积/mL	Cr^{6+}浓度/（μg/mL）	吸光度 A
1			
2			
3			
4			
5			
6			

表 2 固化体 Cr^{6+}浸出毒性实验记录表

样品编号	固化体筛分目数/目	振荡时间/min	吸光度 A	样品 Cr^{6+}浓度/（μg/mL）
1				
2				
3				
4				
5				
6				

2. 实验数据处理

（1）固化体毒性浸出率计算

①根据不同浓度的六价铬标准液的吸光度，绘制 Cr^{6+}标准曲线。

②利用标准曲线和浸出液的吸光度，按式（1）计算各样品浸出率。

$$\eta = \frac{m_{Cr^{6+}}}{M_{Cr^{6+}} \times (1-f)} \times 100\% \quad (1)$$

式中：η——Cr^{6+}浸出率，%；

$m_{Cr^{6+}}$——浸出液中 Cr^{6+}质量，μg；

$M_{Cr^{6+}}$——浸出实验固化物中 Cr^{6+}质量，μg；

f——固化体水分含量，%。

（2）抗压强度分析

固化体抗压强度极限按式（2）计算：

$$\sigma_c = \frac{4P}{\pi D^2} \quad (2)$$

式中：σ_c——抗压强度，MPa；

P——试验受压破碎的最大载荷，N；

D——试验直径，mm。

根据测试数据绘制重金属固化水泥材料的压力-应变曲线，判断实验固化体结构力学性能。

六、思考题

（1）简述危险废物固化处理技术的作用机制和工艺基本要求。

（2）根据实验结果，并查阅文献，综合分析哪些共存因子会影响水泥固化的效果。

（3）重金属污染土固化效果的评价指标及其试验方法。

（4）固化体抗压强度测定的意义。

实验六　玉米秸秆生物炭的制备及对水体中镉的吸附实验

（实验学时：8 学时；编写人：龚正君；编写单位：西南交通大学）

一、实验目的

随着金属冶炼、矿业开采的快速发展，重金属污染日益加重。重金属进入水体不仅会破坏水体的自净能力，而且对水生生物的生存造成严重威胁。其中利用生物炭作为吸附剂的吸附法由于具有成本低廉、能耗小和二次污染小等优点逐渐成为水体中重金属的主要去除方法。生物炭是指生物质（农作物秸秆、动物粪便、污泥等）在无氧或缺氧条件下经高温热裂解形成的一种碳含量高的物质。玉米秸秆是主要的农作物生长废弃物，储量巨大而且可压缩性高，有利于其运输和储存，因此玉米秸秆成为重要的生物炭原料。本实验以玉米秸秆为原料制备生物炭，分析其对污染水体中重金属镉的吸附性能。

通过本实验预达到以下目的：

（1）了解生物炭的定义及其去除重金属离子的作用机制；

（2）掌握生物炭的制备方法；

（3）分析生物炭在不同吸附条件下对重金属吸附过程产生的影响并绘制拟合曲线。

二、实验原理

1. 生物质炭化过程

生物质炭化技术是将生物质原料在加热条件受热分解转化形成生物炭的过程。总的来说，生物质原料先后经历干燥、预炭化和炭化 3 个阶段，最终形成生物炭。

1）干燥阶段。生物质炭化的预前处理，当温度为 120～150℃时，生物质吸收热量脱水，分子内部并没有发生明显变化，生物质变成干生物质。

2）预炭化阶段。生物质开始发生炭化，当温度为 150～275℃时，半纤维素中的羧基和羰基分解，释放 H_2O、CO_2 以及 CO 等物质，析出少量挥发分。

3）炭化阶段。生物质发生炭化的主要阶段。当温度继续上升时，半纤维素和纤维素发生剧烈的热分解。C—C 键、O—H 键、C—H 键、苯环、醚键等化学键发生断裂，整个分子发生分解形成大分子碎片，进一步分解为小分子碎片。再通过重整、脱羰、脱水、缩聚等反应形成 CO_2、CH_4 等气体和羟基、甲基、羟甲基、甲氧基等中间产物。随着温度的不断升高，小分子逐渐脱出形成水、甲烷、甲醇等产物，含苯自由基形成多环芳香族化合物，进一步形成炭，即生物炭。

2．生物炭吸附机理

研究发现，生物炭吸附重金属的过程可分为 3 个阶段：首先重金属离子转移到生物炭周围，其次穿过生物炭表面水化膜到达吸附表面或者进入孔隙中，最后在物理或化学作用下结合到生物炭表面。整个吸附过程中发生的主要反应包括物理吸附、静电、络合、离子交换和阳离子-π 电子相互作用等。吸附过程不仅是由某一种作用引起，通常是多种机制共同发挥作用。

1）物理吸附。生物炭比表面积大，含多孔结构，可与重金属发生物理吸附。在一定范围内，比表面积越大，生物炭对重金属的去除效果越好。但是，物理吸附在重金属吸附过程中所占比重较弱，其吸附性能主要受其他因素的影响。

2）表面络合作用。生物炭表面的羧基和酚羟基可表面络合作用吸附水体中的重金属。

3）沉淀作用。生物炭中的灰分，如 CO_3^{2-}、PO_4^{3-}、SiO_3^{4-}、SO_4^{2-}容易与重金属离子结合形成重金属类盐沉淀物，在重金属去除过程中发挥重要作用。

4）阳离子交换作用。生物炭中的 Ca^{2+}、K^+、Mg^{2+}、Si^+、Na^+可与重金属发生交换作用。

5）静电吸附作用。当溶液 pH 小于生物炭零电荷点（pHpzc）时，生物炭表面容易发生质子化，表面带正电荷，通过静电吸附作用吸附带负电荷的重金属离子。当溶液 pH 大于生物炭零电荷点（pHpzc）时，生物炭表面官能团发生去质子化，表面带负电荷，通过静电吸附作用吸附带正电荷的重金属离子。溶液 pH 会影响生物炭表面所带电荷，从而影响生物炭与重金属间的静电吸附作用。

6）阳离子-π 作用。阳离子-π 作用取决于生物炭表面的芳香程度，π 共轭芳香结构越多，给电子能力越强，该作用越明显。

三、仪器与材料

（1）电子天平：最大称量为 1 kg，精度为 0.01 单位；

（2）紫外分光光度仪；

（3）气浴恒温振荡器；

（4）pH 计；

（5）马弗炉；

（6）取样勺、毛刷、烧杯、过滤漏斗等；

（7）粉碎机；

（8）恒温干燥箱。

四、实验步骤

1．生物炭的制备

（1）将玉米秸秆水洗 4 次去除表面黏附物后，风干 2 d，并在 70～80℃烘箱中过夜干燥。

（2）采用粉碎机将其粉碎，过 100 目筛（0.15 mm）后收集备用。

（3）称取 20 g 过筛的生物质粉末于马弗炉中，盖上盖子，于一定温度（300℃和 600℃）下炭化 6 h，分别标记为 T300 和 T600。

（4）冷却至室温后取出，制得的炭化产物用 200 mL 的浓度为 1 mol/L HCl 溶液处理 12 h，去除灰分。

（5）炭化粉末经过滤，用蒸馏水洗至中性后，于 70～80℃过夜烘干。

2．等温吸附实验

（1）等温吸附实验用 $CdCl_2 \cdot 2.5H_2O$ 配制ρ（Cd^{2+}）分别为 5 mg/L、10 mg/L、20 mg/L、50 mg/L、100 mg/L、200 mg/L、500 mg/L、800 mg/L 和 1 000 mg/L 的溶液。

（2）准确称取 0.100 g 生物炭于 100 mL 离心管，加入 25 mL 不同浓度 Cd^{2+}溶液，在恒温振荡器 25℃条件下振荡 24 h，取上清液用原子吸收分光光度计测定 Cd^{2+}浓度，在该吸附实验中，每组设置 3 次平行实验，求取平均值。吸附量 Q_e（mg/g）的计算公式为

$$Q_e = (C_0 - C_e) V / m \tag{1}$$

式中：C_e——吸附后溶液中 Cd^{2+}浓度，mg/L；

C_0——吸附前溶液中 Cd^{2+}浓度，mg/L；

V——Cd^{2+}溶液的体积，mL；

m——加入生物炭的质量，mg。

（3）采用 Langmuir 和 Freundlich 等温线方程对吸附数据进行拟合：

$$Q_e = \frac{C_e K Q_m}{1 + C_e K} \tag{2}$$

$$Q_e = K_F Q_m C_e^N \tag{3}$$

式中：Q_m——污染物的最大吸附量，mg/g；

K——Langmuir 模型平衡系数，mg/L；

K_F——Freundlich 模型平衡系数，mg/L；

N——Freundlich 模型吸附强度参数。

3. 吸附动力学实验

（1）吸附动力学实验用 $CdCl_2 \cdot 2.5H_2O$ 配制ρ（Cd^{2+}）为 100 mg/L 的溶液。

（2）准确称取 0.100 g 生物炭于 100 mL 离心管，加入 25 mL 浓度为 100 mg/L 的 Cd^{2+} 溶液，在恒温振荡器 25℃条件下分别振荡 10 min、20 min 和 40 min 以及 1 h、1.5 h、3 h、6 h、12 h 和 24 h，取上清液用原子吸收分光光度计测定 Cd^{2+}浓度。

（3）采用 Lagergren 准一级动力学方程和 Lagergren 准二级动力学方程对吸附数据进行拟合：

$$Q_t = Q_e\left(1 - e^{-K_1 t}\right) \tag{4}$$

$$Q_t = \frac{K_2 Q_e t}{1 + K_2 Q_e t} \tag{5}$$

式中：Q_t——t 时刻生物炭的单位吸附量，mg/g；

t——吸附时间，h；

K_1——准一级动力模型的吸附速率常数，h^{-1}；

K_2——准二级动力模型的吸附速率常数，g/（mg·h）。

五、数据记录与处理

（1）数据记录及计算（表 1、表 2）

表 1 等温吸附实验数据记录

原始吸附浓度/（mg/L）	5	10	20	50	100	200	500	800	1 000
T300 吸附后浓度/（mg/L）									
T600 吸附后浓度/（mg/L）									
T300 吸附量/（mg/g）									
T600 吸附量/（mg/g）									

表 2 动力学吸附实验数据记录

吸附时间	10 min	20 min	40 min	1 h	1.5 h	3 h	6 h	12 h	24 h
T300 吸附后浓度/（mg/L）									
T600 吸附后浓度/（mg/L）									
T300 吸附量/（mg/g）									
T600 吸附量/（mg/g）									

（2）绘制不同温度制备的生物炭对 Cd^{2+} 在 298 K 的等温吸附拟合曲线。

（3）绘制不同温度制备的生物炭基于动力学模型在不同时间的吸附拟合曲线。

六、思考题

（1）试分析生物炭吸附重金属镉的主要作用机制。

（2）在不同温度条件下制备生物炭其金属离子去除效果是否一致？是否还有其他因素能影响生物炭的吸附性？

（3）该实验中的影响因素是如何影响生物炭吸附过程的？

七、注意事项

（1）在破碎机使用过程中，应注意安全，禁止将手伸入破碎机内部，禁止使用过程中触碰破碎机的电气设备和电源线，物料应均匀投放，避免过多或过少，以免影响破碎机的正常运行。

（2）向马弗炉装取实验物品时需戴好隔温手套，以防烫伤。实验物品要放在炉体中间，炉体内部不可太过拥挤，以免阻挡热气流通。使用时切勿超过炉体最高温度。

实验七　煤矸石资源化利用综合创新性实验

（实验学时：8 学时；编写人：王东梅；编写单位：西南交通大学）

一、实验目的

大宗固体废物主要是指我国工业生产领域产生的，年产量在 1 000 万 t 以上的固体垃圾，其主要包括尾矿、煤矸石和粉煤灰等。大宗固体废物产生量大、资源化利用前景好，对环境影响广泛。实施大宗固体废物综合利用对推动循环经济发展，促进节能减排，加快构建可持续的生产方式具有重要意义。

以煤矸石为例，煤矸石是一种在采煤和洗煤过程中排放的含碳量与强度均相对较低的固体废物，其主要包括巷道掘进、采掘过程中排出的矸石及洗煤过程中筛选出来的洗矸石等。在煤炭开采过程中煤矸石会作为固体废物排放在外，而煤矸石大量堆积形成的矸石山会侵占土地，污染水资源，且煤矸石含有的煤质在堆放过程中易自燃，产生 SO_2、CO、H_2S 等有害气体，有害元素在雨水淋溶作用下易渗滤，从而污染地下水和土壤，危害矸石山周围的生态环境。故寻求煤矸石的综合利用途径，解决煤矸石产生的社会环境问题对维持矿山资源的可持续发展具有重大意义。

通过本实验预达到以下目的：

（1）了解煤矸石的基本特点；

（2）了解煤矸石资源化的途径；

（3）熟悉利用煤矸石制作活性粉末混凝土流程；

（4）掌握抗压强度和抗折强度的检测方法。

二、实验原理

煤矸石综合利用的途径主要分为工程利用与资源回收。在煤矸石的资源回收利用方面，可以根据含碳量高低，将煤矸石用于发电、回收煤炭资源、化工利用以及作建筑材料等。其中用作建筑材料主要通过制砖、制水泥、做集料改良混凝土性能等途径实现。

煤矸石活性是影响其作为混凝土掺合料性能的主要因素之一。故对煤矸石进行活化是实现煤矸石高效利用的方法之一，常采用的活化方法包括热活化、机械活化、化学活化、微波辐射激活法等。其中，机械活化是指利用碾磨机将煤矸石进行碾磨从而提高其活度的方法。热活化法是指在高温下使微观结构中的高岭石、伊利石等脱水分解，破坏其化学键，形成大量的自由端的端点，产生热力学不稳定的结构，从而使煤矸石中产生大量的活性 SiO_2、Al_2O_3 的活化方式，可以提高水泥混凝土制品的强度，改善其耐久性。

煤矸石制得的活性粉末混凝土是一种高强度、高韧性、低孔隙率和极低渗透性的超高性能混凝土，具有高耐久性。它主要以水泥、石英砂、硅灰、钢纤维和高效减水剂等为原料，采用适当的成型和养护工艺制成。当材料含有的微裂缝和孔隙等缺陷最少，就可以获得由其组成材料所决定的最大承载能力，并具有特别好的耐久性。故所采用的原材料平均颗粒尺寸为 0.1～1 000 μm，目的是尽量减小混凝土中的孔间距，使拌合物更加密实。

实验所制得混凝土立方体抗压强度应按式（1）计算：

$$f_{cc}=\frac{F}{A} \tag{1}$$

式中：f_{cc}——混凝土立方体试件抗压强度，MPa；

F——试件破坏荷载，N；

A——试件承压面积，mm^2。

实验所制得混凝土立方体抗折强度应按式（2）计算：

$$f_f=\frac{Fl}{bh^2} \tag{2}$$

式中：f_f——混凝土立方体试件抗折强度，MPa；

F——试件破坏荷载，N；

l——支座间跨度，mm；

h——试件截面高度，mm；

b——试件截面宽度，mm。

三、仪器与材料

（1）煤矸石粉、水泥、石英砂、河砂、硅灰、钢纤维、高效减水剂样品若干；

（2）颚式破碎机；

（3）振动筛分机，含标准分样筛 1 套；

（4）立式管式锻造炉；

（5）搅拌罐搅拌锅；

（6）150 mm×150 mm×150 mm、150 mm×150 mm×600 mm 规格试验模具；

（7）混凝土标准养护箱；

（8）压力试验机；

（9）三点弯曲试验机；

（10）手套、口罩等防护用品。

四、实验步骤

（1）将煤矸石样品放入颚式破碎机进行机械活化，放入管式炉在 600～900℃进行充分煅烧，直至恒量。将试样研磨至通过 300 目筛，混匀后密封保存。

（2）称取足量样品，将活化煤矸石粉、水泥、硅灰、石英砂、高效减水剂倒入搅拌锅内，搅拌 5 min；加入溶有减水剂的一半用水量，搅拌 5 min；倒入另一半用水量，搅拌 5 min；加入钢纤维，再搅拌 5 min。将所得拌合物加入规格为 150 mm×150 mm×150 mm 和 150 mm×150 mm×600 mm 的两种模具中，振动成型。每组试件应为 3 块。

（3）将成型试模在室温下静养 6 h，然后放入 40～50℃热水中初养 24 h，再脱模后将试件放入 80～100℃热水中终养 48 h，最后放入标准养护箱中养护 28 d。

（4）将尺寸为 150 mm×150 mm×150 mm 的试件从养护箱取出，并将试件表面与上下承压板面擦干净。将试件安放在压力试验机的下压板或垫板上，试件的承压面应与成型时的顶面垂直。试件的中心与试验机下压板中心对准，开动试验机，当上压板与试件或钢垫板接近时，调整球座，使接触均衡。在试验过程中应连续均匀地加荷，加荷速度取 0.3～1.0 MPa/s。当试件破坏急剧变形时，应停止调整试验机油门，直至破坏，记录破坏载荷。

（5）将尺寸为 150 mm×150 mm×600 mm 的试件从养护箱取出，并将试件表面擦干净，将试件安装在三点弯曲试验机上。试件的承压面应为试件成型时的侧面。支座及承压面与圆柱的接触面应平稳、均匀，否则应垫平。连续均匀施加荷载。加荷速度取 0.02～0.10 MPa/s，至试件接近破坏时，应停止调整试验机，直至试件破坏，记录破坏荷载及试件下边缘断裂位置。

五、数据记录与处理

实验结果记录表见表 1。

表 1 制活性粉末混凝土实验记录

样品序号	加入煤矸石活性粉末质量/g	抗压试验破坏荷载/N	抗压强度/MPa	抗折试验破坏荷载/N	抗折强度/MPa

六、思考题

（1）简述煤矸石综合利用的途径。

（2）简述采用热活化法进行煤矸石活化时温度过低和过高的后果。

（3）简述采用活化煤矸石代替石英粉等材料制作活性粉末混凝土的优点。

（4）加入煤矸石活性粉末与水泥配比为多少时，所制样品效果最好？

七、注意事项

（1）应以 3 个试件测值的算术平均值作为该组试件的抗压强度或抗折强度值，应精确至 0.1 MPa；

（2）当 3 个测值中的最大值或最小值中有一个与中间值的差值超过中间值的 15%时，应把最大值和最小值一并舍去，取中间值作为该组试件的抗压强度值或抗折强度值；

（3）当最大值和最小值与中间值的差值均超过中间值的 15%时，该组试件的试验结果无效。

实验八 石棉尾矿的硫酸浸出及 SiO_2 和 MgO 的分离实验

（实验学时：4 学时；编写人：曾丽，任旭；编写单位：成都大学）

一、实验目的

石棉由于具有耐碱、耐高温、隔热、绝缘、摩擦性能好、机械强度大等特殊性能，被广泛应用于机械制造、化工、石油、国防、电器、航天、建筑等领域。在大量石棉生产的同时，产生了大量的尾矿，即石棉尾矿。石棉尾矿的化学成分主要为 SiO_2、MgO 等，这些氧化物在工业生产中具有重要的再利用价值。为了提取石棉尾矿中含量高且有利用价值的氧化物，需对其进行浸出处理。浸出处理是用适当的溶剂与废物作用使物料中有关的组分有选择性地溶解的物理化学过程。石棉尾矿的硫酸浸出就是浸出处理的手段之一，就是将石棉尾矿中可溶解进入硫酸溶液的部分与不能被硫酸溶解的部分分离出来。酸浸处理是处理固体废物常用的物理化学方法之一，也是固体废物处理工程中重要的处理环节。

通过本实验预达到以下目的：

（1）熟悉固体废物浸出处理的原理及基本方法；

（2）熟悉石棉尾矿酸浸出的原理及其操作流程；

（3）掌握石棉尾矿酸浸溶液中 MgO 浸出率的计算方法。

二、实验原理

固体废物的浸出处理，用适当的溶剂与固体废物作用使物料中有关的组分有选择性地溶解的物理化学过程。浸出主要用于处理成分复杂、嵌布粒度微细的固体废物。浸出的目的是使物料中有用或有害成分能选择性地、最大限度地从固相转入液相。一般情况下，依据浸出药剂种类的不同，浸出可分为酸浸、碱浸和中性浸出等。

石棉尾矿的硫酸浸出是固体废物酸浸实验的一个实例。主要原理：石棉尾矿的主要化学成分为 MgO 和 SiO_2，“氢氧镁”八面体空隙中的 Mg 容易被 H_2SO_4 浸出形成 $MgSO_4$。通过酸浸出实验，从而实现石棉尾矿中 MgO 和 SiO_2 的分离。整个过程中发生的主要化学反应如下：

$$Mg_3(Si_2O_5)(OH)_4+H_2SO_4 \longrightarrow 3\,MgSO_4+SiO_2+3H_2O$$

通过 EDTA 络合滴定的方法测定溶液中的镁离子，进而计算出氧化镁含量和浸出率。氧化镁浸出率的计算公式为

$$Ra=\frac{m_1}{m}\times 100\% \tag{1}$$

式中：Ra——氧化镁的浸出率，%。

m——每次实验所用石棉尾矿样品中氧化镁的质量，g；通过对石棉尾矿进行 X 射线荧光光谱仪分析可得该数据。

m_1——石棉尾矿硫酸浸出液中氧化镁的质量，g；通过 EDTA 络合滴定法计算可得到该数据。

为了保证较高的浸出率，要充分考虑浸出过程的影响因素，如物料的粒度、浸出温度、浸出时间、液固比（硫酸浓度）等。为了缩短实验时间，本实验中将物料的粒度、浸出温度、浸出时间和液固比固定。

三、仪器与材料

（1）实验中所用的试剂：浓硫酸、氨水、乙二胺四乙酸二钠、铬黑 T，均为分析纯。

（2）实验中所用实验仪器：磁力搅拌器；电子天平；真空泵；干燥箱。

四、实验步骤

（1）称取 3 份 10 g 100 目的石棉尾矿样品。

（2）配制质量分数为 40%的 H_2SO_4 溶液 500 mL；配制一定浓度的 EDTA 二钠标准液。

（3）将 3 份 10 g 100 目的石棉尾矿样品分别置入 400 mL 的烧杯中，加入 100 mL 40%的 H_2SO_4 溶液，分别放入水浴锅内在 85℃下搅拌反应 3 h，其中液固比为 10。

（4）反应完毕后，经过真空抽滤、洗涤后，采用 EDTA 络合滴定法测定滤液中的 Mg^{2+} 的浓度，最终得出浸出液中氧化镁质量，再根据式（1）计算出 MgO 浸出率，数据记录于表 1。

（5）实验得到的滤液主要为含镁溶液，滤渣为含硅滤渣，从而实现 SiO_2 和 MgO 的分离。滤液可进一步提纯制备镁系列化合物，滤渣可进一步提纯制备硅系列化合物。

五、数据记录与处理

（1）实验结果记录表见表 1。

（2）3 次实验结果的误差控制在 1%。

表 1　石棉尾矿的硫酸浸出实验记录

试样	石棉尾矿样品中氧化镁的质量 *m*/g	EDTA 络合滴定法测定的滤液中的 Mg^{2+}的浓度/（moL/L）	滤液中的氧化镁的质量 m_1/g	氧化镁浸出率 *Ra*/%
试样 1				
试样 2				
试样 3				

六、思考题

（1）简述浸出的特点。

（2）浸出实验的影响因素有哪些？

（3）查找文献，对比石棉尾矿硫酸浸出分离 SiO_2 和 MgO 与其他方法分离 SiO_2 和 MgO 的优缺点。

七、注意事项

（1）每次实验所用石棉尾矿样品中氧化镁的质量（*m*），可通过对石棉尾矿进行 X 射线荧光光谱仪分析得到。老师可在实验前完成数据的测试，并告知学生氧化镁占石棉尾矿的质量比，由学生计算出实验中的石棉尾矿样品中氧化镁的质量（*m*）。

（2）采用 EDTA 络合滴定法测定滤液中的 Mg^{2+}的浓度时，可参考《水质　钙和镁总量的测定　EDTA 滴定法》(GB 7477—87)，但需注意水质中镁的含量较低，而石棉尾矿硫酸浸出液中镁的含量较高，因此 EDTA 二钠标准液的浓度要根据实验具体情况进行调整。

实验九　钒钛钢渣制备催化剂及其性能研究实验

（实验学时：8 学时；编写人：任旭，曾丽；编写单位：成都大学）

一、实验目的

我国粗钢产量超 10 亿 t/a，全球占比 52.8%，居全球首位。钢渣是钢铁工业炼钢过程中产生的大宗固体伴生物，占钢产量的 12%～15%。目前，国内钢渣资源化综合利用率不高，社会积存的钢渣已达 8 亿 t，且每年以 8 000 万 t 的积存量在不断增加，对我国环境、土壤、水质都造成严重影响。本实验将研究钢渣制备催化剂的方法。

通过本实验预达到以下目的：

（1）掌握钒钛钢渣制备催化剂的原理和方法；

（2）熟悉管式炉和紫外-可见分光光度计的使用方法；

（3）掌握标准曲线的绘制方法；

（4）了解激光粒度仪、X 射线衍射仪、扫描电镜的操作方法。

二、实验原理

催化剂是指一种在不改变反应总标准吉布斯自由能变化的情况下提高反应速率的物质。催化剂种类繁多，按状态可分为液体催化剂和固体催化剂；按反应体系的相态可分为均相催化剂和多相催化剂。

近年来，将工业废弃物用作催化剂的基体材料受到了人们的关注。该方法不仅可以降低催化剂的制作成本，而且为废弃物资源化处置提供了一条可行的途径。钒钛钢渣是四川省的一种特色工业固体废物，主要成分为 CaO、Fe_2O_3、SiO_2、Al_2O_3、TiO_2 等金属氧化物，是制备多相催化剂的理想原料；但由于其中过渡金属氧化物的含量不高，原生钢渣的催化性能并不理想。

本实验将使用超声金属负载的方法，提高钢渣的催化性能。MnO_2 廉价、低毒，将其负载钢渣上，不仅可以提高活化过硫酸盐、双氧水等氧化剂的催化效率，还能减少金属离子的浸出。

实验采用过硫酸氢钾（PMS）作为氧化剂。罗丹明 B（RhB）溶液的颜色随浓度的变化而变化，其在光波长为 554 nm 附近有很强的吸收能力，故可通过紫外-可见分光光度计检测已知浓度样品在 554 nm 处的吸光度（Abs）来绘制 RhB 的标准校准曲线，进而计算催化氧化处理的溶液中 RhB 浓度。RhB 去除率可以表示为

$$\text{RhB 去除率} = (1 - C_t/C_0) \times 100\% \qquad (1)$$

式中：C_t——反应时间为 t 时，反应体系中 RhB 的浓度；

C_0——反应体系中 RhB 的初始浓度。

过硫酸盐体系内常见的活性氧物种包括$^{\bullet}OH$、$SO_4^{\bullet -}$以及 $O_2^{\bullet -}$，可使用自由基淬灭剂进行淬灭实验进行间接判定。乙醇分子可以与$^{\bullet}OH$ 和 $SO_4^{\bullet -}$分别以（1.2～2.8）$\times 10^9$（mol/L）$^{-1}\cdot$s 和（1.6～7.7）$\times 10^9$（mol/L）$^{-1}\cdot$s 的速率进行反应，而叔丁醇分子与$^{\bullet}OH$ 有更高的反应速率：（3.8～7.6）$\times 10^8$（mol/L）$^{-1}\cdot$s，是 $SO_4^{\bullet -}$的 1 000 倍左右。基于反应速率的差异，乙醇和叔丁醇可以作为$^{\bullet}OH$ 和 $SO_4^{\bullet -}$的淬灭剂，对两种自由基进行识别。对苯醌分子可以（0.9～1）$\times 10^9$（mol/L）$^{-1}\cdot$s 的速率与 $O_2^{\bullet -}$反应，因此可作为 $O_2^{\bullet -}$的淬灭剂。可通过 RhB 去除率的变化来评估淬灭剂对体系中自由基的淬灭效果。

三、仪器与材料

（1）钒钛钢渣（高炉渣）；

（2）管式炉；

（3）氮气；

（4）分析天平：精度为 0.000 1 g；

（5）恒温干燥箱：工作温度为室温至 100℃；

（6）真空抽滤装置（含布氏漏斗、抽滤瓶等）；

（7）去离子水机；

（8）磁力搅拌装置；

（9）紫外-可见分光光度计；

（10）剪刀、取样勺、瓷盘、毛刷、烧杯、玛瑙研钵、不锈钢筛（100 目）等辅助工具；

（11）过硫酸氢钾（PMS）、乙醇、叔丁醇、对苯醌、罗丹明 B 等化学试剂（分析纯）；

（12）手套、口罩等防护用品。

四、实验步骤

（1）金属负载钢渣催化剂的制备

1）取适量钒钛钢渣（以下简称钢渣），用铁锤将其敲碎为小颗粒；再使用粉碎机实施破碎，直至大部分呈颗粒或粉末状；

2）使用 100 目的不锈钢筛对破碎后的钢渣进行筛分，收集并储存筛下物；

3）取约 150 g 筛分后钢渣至 1 L 玻璃烧杯，加入 500～700 mL 去离子水，使用顶入式搅拌器（配置聚四氟乙烯搅拌桨），充分搅拌 15 min 后使用真空抽滤机将混合液过滤，保留钢渣弃去液体；重复 3～5 次；

4）将清洗干净的钢渣放在瓷盘中，置于 35℃恒温干燥箱中烘干，冷却至室温备用；

5）将烘干的固体转移至陶瓷研钵中，研磨成粉末混匀待用；

6）将研磨后粉末置于 1 L 玻璃烧杯中，加入 500 mL 0.5 mol/L 的 MnO_2；再将烧杯置于超声振荡器中，振荡 40 min 后使用真空抽滤机将混合液过滤，保留钢渣弃去液体；重复 3 次；

7）将 7 所制备的钢渣置于刚玉舟中放入管式炉，在氮气保护下，以 700℃煅烧 2 h，升温速率为 5℃/min，煅烧完成后自然降至室温，产物研磨后即为 Mn 负载钢渣催化剂；将其储存于棕色玻璃试剂瓶中备用。

（2）Mn 负载钢渣特性及催化性能研究

1）物化性质表征

分别使用扫描电镜（SEM）、激光粒度仪、X 射线衍射仪（XRD）分析催化剂的微观形貌、粒度及化学组成；实验结果及分析填入表 1；

2）RhB 标准曲线制作

配制 100 mg/L 的 RhB 溶液；将其梯度稀释为 50 mg/L、25 mg/L、20 mg/L、10 mg/L、5 mg/L、2 mg/L 的 RhB 溶液样品（标记为样品 1～5）；使用紫外-分光光度计测定样品在 554 nm 处的 Abs，记录数据于表 2，并绘制标准曲线。

3）Mn 负载钢渣（催化剂）催化性能研究

①取 200 mL 50 mg/L 的 RhB 溶液（C_0），分别置于 6 个 250 mL 的烧杯中，加入磁力搅拌子备用。

②将 5 个烧杯（样品 1～5）置于磁力搅拌装置上，在搅拌条件下（转速 800 r/min）分别向其中投入 0 mg、200 mg、500 mg、1 000 mg、2 000 mg 的催化剂，充分搅拌。

③待催化剂在溶液中分散均匀后，依次向 1～5 号烧杯中加入 50 mmol/L 的 PMS，加入 PMS 时开始计时；分别于 0 min、2 min、5 min、10 min、15 min、20 min、30 min 时用注射器取 3 mL 样品，使用 0.45 μm 的水系微滤膜过滤后，稀释适当倍数，测量样品在

554 nm 处的吸光度。

④记录实验数据于表 2，并根据步骤 2 所绘制的标准曲线，计算 RhB 的浓度（C_t）和去除率，评估催化剂的最佳用量 m_b。

（3）自由基淬灭实验

1）将 4 个烧杯置于磁力搅拌装置上，在搅拌条件下（转速 800 r/min）分别向其中投入催化剂 m_b，搅拌至均匀；

2）搅拌条件下，分别向 5 个烧杯（样品 6～10）中加入 0 mmol/L、5 mmol/L、10 mmol/L、50 mmol/L、100 mmol/L 的淬灭剂——乙醇；随后加入 50 mmol/L 的 PMS，并于 0 min、2 min、5 min、10 min、15 min、20 min、30 min 时用注射器取 3 mL 样品，使用 0.45 μm 的水系微滤膜过滤后，稀释适当倍数，测量样品在 554 nm 处的吸光度，记录于表 2 中，并计算 RhB 的浓度（去除率）。

3）分别使用叔丁醇（样品 11～15）、对苯醌（样品 16～20）作为淬灭剂，重复上述步骤。

4）评估各淬灭剂对 RhB 去除率的影响。

五、数据记录与处理

（1）实验结果记录和分析表见表 1 和表 2。

表 1 催化剂性能表征的实验数据记录及分析

<table>
<tr><td colspan="6">SEM 分析</td></tr>
<tr><td colspan="2">SEM 图像 1</td><td colspan="2">SEM 图像 1</td><td colspan="2">催化剂微观形貌描述</td></tr>
<tr><td colspan="2"></td><td colspan="2"></td><td colspan="2"></td></tr>
<tr><td colspan="6">激光粒度仪分析</td></tr>
<tr><td colspan="4">催化剂粒度分布图</td><td colspan="2">催化剂粒度分布描述</td></tr>
<tr><td colspan="4"></td><td colspan="2"></td></tr>
<tr><td colspan="6">XRD 分析</td></tr>
<tr><td colspan="4">XRD 分析图</td><td colspan="2">催化剂成分分析</td></tr>
<tr><td colspan="4"></td><td colspan="2"></td></tr>
</table>

表 2　催化剂吸附性能研究的实验数据记录及分析

RhB 标准曲线绘制		
浓度/（mg/L）	Abs	标准曲线
0		
2		
5		
10		
20		
25		
50		

催化剂的能研究										
时间/min	样品 1		样品 2		样品 3		样品 4		样品 5	
	Abs	C_t	Abs	C_t	Abs	C_t	Abs	C_t	Abs	C_t
0										
2										
5										
10										
15										
20										
30										
时间/min	样品 6		样品 7		样品 8		样品 9		样品 10	
	Abs	C_t	Abs	C_t	Abs	C_t	Abs	C_t	Abs	C_t
0										
2										
5										
10										
15										
20										
30										
时间/min	样品 11		样品 12		样品 13		样品 14		样品 15	
	Abs	C_t	Abs	C_t	Abs	C_t	Abs	C_t	Abs	C_t
0										
2										
5										
10										
15										
20										
30										

（2）计算样品 1～5 RhB 的去除率，绘制 RhB 去除率随时间变化趋势图，确定最佳催化剂用量 m_b。

（3）计算自由基淬灭实验中，不同淬灭剂及浓度对 RhB 去除率的影响，并绘制不同工况下 RhB 去除率随时间变化趋势图。

六、思考题

（1）简述催化剂的定义及作用原理。

（2）思考影响催化剂催化效率的因素有哪些？

（3）煅烧过程中氮气的作用是什么？

七、注意事项

（1）坩埚等物料应事先烘干。

（2）启动管式炉前需仔细检查机器是否处于安全状态，实验过程中应做好个人防护，坩埚放入管式炉或取出时均要注意温差引起的炸裂。

（3）紫外-可见分光光度计应开机充分预热后再使用，使用时应先使用擦镜纸充分擦拭比色皿，勿将液体滴入机器内部。

实验十　臭氧法去除垃圾浓缩液中难降解有机物实验

（实验学时：4 学时；编写人：陈炜鸣；编写单位：西南交通大学）

操作视频

一、实验目的

近年来，生物法联合膜技术广泛应用于垃圾渗滤液的处理，但膜处理环节不可避免地产生了为进水量 13%～30%的垃圾浓缩液。垃圾浓缩液中富集了高浓度的污染物，包括难降解有机物、氨氮、无机盐和重金属离子等，可生化性差，处理难度较高。垃圾浓缩液若不经妥善处置进行排放势必会给土壤、地下水、地表水等带来极大的危害，其中难降解有机物的去除是垃圾浓缩液处理的关键。

垃圾浓缩液中难降解有机物具有不饱和度高、疏水性强、芳香性程度高和分子量大的特点。臭氧（O_3）是一种绿色氧化剂，氧化还原电位（E^0=2.07 V）较高，在有机废水处理中具有不可替代的地位。O_3 呈淡蓝色，可以现场制备，不会产生二次污染，可用来杀菌消毒、脱色、除臭、氧化难降解有机物等。O_3 对腐殖质等疏水性和芳香性极强的大分子有机物有极高的反应特性，在垃圾浓缩液处理中已有实际工程应用。

通过本实验预达到以下目的：

（1）熟悉设备情况，了解各仪器装置的用途；

（2）了解臭氧法对难降解有机污染物的降解效果；

（3）了解臭氧法降解垃圾浓缩液中难降解有机物的基本原理；

（4）掌握臭氧法降解垃圾浓缩液中难降解有机物的主要影响因素。

二、实验原理

通常，O_3 氧化处理废水可通过直接反应和间接反应两种方式。直接反应是由于 O_3 的氧化性极强，O_3 分子或单个氧原子可以和垃圾浓缩液中大多数有机物发生氧化还原反应，将含有不饱和键有机物或基团氧化去除，此外，O_3 对有机物富含电子部分（如双键、胺和芳香环等）有较高的反应性，可以有效降解腐殖质等疏水性和芳香性极强的大分子有机物，生成更饱和的小分子亲水性有机物，改善废水的可生化性；而间接反应则是 O_3

在氧化过程中可以产生非常活跃的羟基自由基（$HO^{\bullet}$），并诱发链式反应［总反应式（1）～链式反应式（2）～（5）］，高氧化还原电位的 $HO^{\bullet}$（E^0=2.8 V）可以与垃圾浓缩液中的有机物（RH）作用发生脱氢反应生成 $R^{\bullet}$，由于 $R^{\bullet}$非常不稳定极易被进一步氧化，最终可被矿化成 CO_2 和 H_2O［链式反应式（6）］。

总反应：$O_3+H_2O \longrightarrow 2HO^{\bullet}+O_2$ （1）

链式反应：$O_3+HO^- \longrightarrow 2HO^{\bullet}_2+O^{\bullet -}_2$ （2）

$O_3+HO^{\bullet} \longrightarrow 2HO^{\bullet}_2+O_2$ （3）

$O_3+2HO^{\bullet}_2 \longrightarrow HO^{\bullet}+2O_2$ （4）

$2HO^{\bullet}_2 \longrightarrow H_2O_2+2O_2$ （5）

$RH+HO^{\bullet} \longrightarrow R^{\bullet}+H_2O_2 \longrightarrow$ 进一步氧化 $\longrightarrow CO_2+H_2O$ （6）

O_3 在垃圾浓缩液处理过程中，主要发生以下反应：

（1）O_3 与烯烃化合物的反应；

（2）O_3 与芳香族化合物的反应；

（3）O_3 与氨基酸或者有机氨的反应；

（4）羟基自由基无选择氧化有机物的反应，包括对 O_3 难降解有机物。

垃圾浓缩液处理前后的 pH 采用玻璃电极法测定；UV_{254} 采用分光光度法测定，为 254 nm 波长处的吸光度值，可反映含有苯环或不饱和双键有机物的相对含量；色度（CN）采用分光光度法测定，并通过 436 nm、525 nm 和 620 nm 波长处的吸光度值（记为：A_{436}、A_{525}、A_{620}）计算。其中，CN 不仅可以反映垃圾浓缩液的色度，还能表示垃圾浓缩液中难降解有机物生色/助色团的相对含量。

$$\mathrm{CN}=\frac{A_{436}^2+A_{525}^2+A_{620}^2}{A_{436}+A_{525}+A_{620}} \tag{7}$$

采用去除率（R）代表垃圾浓缩液中难降解有机物处理前后的变化，具体计算如式（8）所示。

$$R=\frac{c_0-c_1}{c_0}\times 100\% \tag{8}$$

式中：R——去除率，%；

c_0——垃圾浓缩液经处理前的 UV_{254} 或 CN 值，cm^{-1}；

c_1——垃圾浓缩液经处理后的 UV_{254} 或 CN 值，cm^{-1}。

采用利用率（η）代表 O_3 处理垃圾浓缩液的利用效率，具体计算如式（9）所示。

$$\eta=\frac{c_i-c_t}{c_i}\times 100\% \tag{9}$$

式中：η——O_3 利用率，%；

c_i——O_3 初始投加浓度，mg/L；

c_t——t 时刻的 O_3 尾气浓度，mg/L。

三、仪器与材料

1. 实验仪器

（1）氧气瓶、臭氧发生器、转子流量计、臭氧反应装置、臭氧浓度检测仪和尾气吸收瓶等臭氧实验设备（图 1）；

（2）紫外-可见分光光度计 1 台；

（3）pH 计 1 台；

（4）恒温干燥箱 1 台；

（5）恒温水浴锅 1 台；

（6）烧杯、量筒、比色管、气体吸收瓶、容量瓶、移液管、漏斗、试管架、漏斗架和 0.45 μm 微孔滤膜等实验器材若干；

（7）手套、实验服和口罩等防护用品。

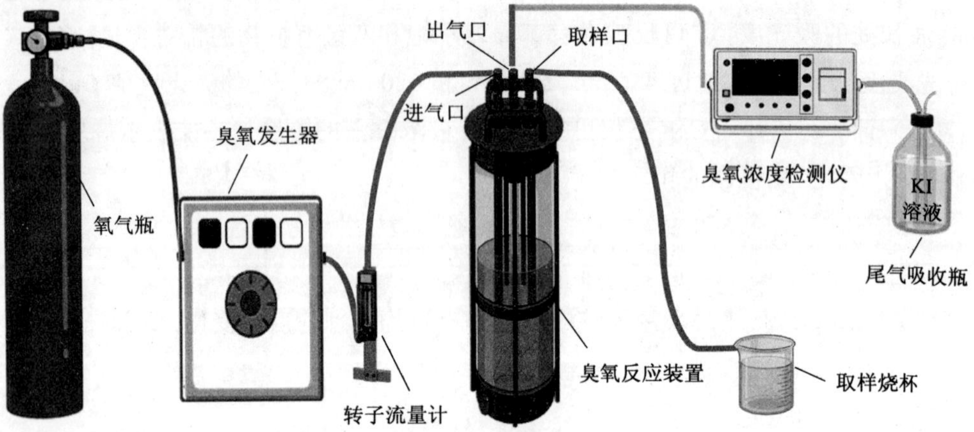

图 1　臭氧实验设备

2. 实验水样及试剂

垃圾浓缩液（如纳滤浓缩液）、消泡剂、碘化钾（KI）。实验药剂均使用符合国家标准的分析纯试剂。

四、实验步骤

1. KI 溶液（20%）配制

称取 50 g KI 溶解于少量蒸馏水，再转移至 250 mL 的容量瓶中，蒸馏水定容，摇匀备用。

实验时，量取 20 mL 的 20% KI 溶液加入气体吸收瓶中，并往气体吸收瓶中加入 250 mL 蒸馏水，摇匀后作为臭氧尾气吸收剂放置在臭氧浓度检测仪末端出气口。

2. 操作步骤

（1）熟悉设备情况，了解各阀门及仪表用途，并检查设备连接是否完好；

（2）将臭氧发生器的 O_3 浓度调节旋钮调至 100%，打开氧气瓶阀门，并调节氧气进气压力至臭氧发生器规定的压力范围；

（3）打开臭氧浓度监测仪，并控制监测仪进气流量至最佳监测流量 0.5 L/min，预热 5 min，进行校准；

（4）测定 O_3 初始浓度时，开启臭氧发生器，待臭氧浓度监测仪中 O_3 浓度稳定后，记录此数据为 O_3 初始浓度 c_i；

（5）进行臭氧处理垃圾浓缩液实验时，采用量筒准确量取 500 mL 的垃圾浓缩液，加入 1～2 滴消泡剂后，将其转移至臭氧反应装置；

（6）按照上述步骤调节进气流量，校准臭氧浓度检测仪，开启臭氧发生器并立刻计时反应，实时记录 O_3 尾气浓度，分别在反应时间为 5 min、10 min、15 min、20 min、30 min 时采集样品；

（7）采集的水样在 50℃下水浴加热 30 min，以去除残留在溶液中的 O_3；

（8）待水样冷却至室温后，测量并记录水样的 pH，并采用 0.45 μm 微孔滤膜过滤，收集滤液备用；

（9）将垃圾浓缩液原水和经 O_3 处理后出水稀释一定倍数，采用紫外-可见分光光度计对 UV_{254} 和 CN 等指标进行分析。

五、数据记录与处理

1. 原始数据记录和计算

（1）实验条件：O_3 进气流量为____ L/min，O_3 浓度（c_i）为_____ mg/L，初始 pH 为______。

测定后实验结果填入表 1。

表 1　O_3 进气流量为____ L/min 对臭氧法处理垃圾浓缩液的影响

指标		原水	O_3 进气流量为____ L/min				
			5 min	10 min	15 min	20 min	30 min
数据记录	c_t						
	pH						
	UV_{254}						
	A_{436}						
	A_{525}						
	A_{620}						
数据计算	CN						
	η（O_3）						
	R（UV_{254}）						
	R（CN）						

注：O_3 浓度的单位为 mg/L；UV_{254}、A_{436}、A_{525}、A_{620} 和 CN 的单位为 cm^{-1}；η（O_3）、R（UV_{254}）和 R（CN）的单位为%。

(2)实验条件：O_3 进气流量为_____ L/min，O_3 浓度（c_i）为____ mg/L，初始 pH 为____。测定后实验结果填入表 2。

表 2　O_3 进气流量为___ L/min 对臭氧法处理垃圾浓缩液的影响

指标		原水	O_3 进气流量为___ L/min				
			5 min	10 min	15 min	20 min	30 min
数据记录	c_t						
	pH						
	UV_{254}						
	A_{436}						
	A_{525}						
	A_{620}						
数据计算	CN						
	η（O_3）						
	R（UV_{254}）						
	R（CN）						

注：O_3 浓度的单位为 mg/L；UV_{254}、A_{436}、A_{525}、A_{620} 和 CN 的单位为 cm^{-1}；η（O_3）、R（UV_{254}）和 R（CN）的单位为%。

2. 绘图分析

（1）以反应时间为横坐标、去除率为纵坐标，绘制不同 O_3 进气流量下有机物去除率变化曲线；以反应时间为横坐标、O_3 利用率为纵坐标，绘制不同 O_3 进气流量下 O_3 的利用率变化曲线。

（2）分析其变化规律，并探讨原因。

六、思考题

（1）影响臭氧反应的因素有哪些？

（2）臭氧法在处理垃圾浓缩液时有哪些优缺点？

（3）如何提高臭氧法处理垃圾浓缩液的效果？

七、注意事项

（1）操作人员应做好防护措施，佩戴口罩。

（2）在整个实验过程中，保持通风。

（3）使用臭氧反应设备时，应先进气，再进水；关闭时应先停止进水，再停止进气，以免设备倒吸入废水。

（4）在反应过程中，应时刻注意转子流量计的数值，减少数值波动。

（5）可适当在臭氧反应设备尾端增加尾气吸收瓶（KI 溶液），以保证残留臭氧被完全吸收。

（6）在采用紫外-分光光度计测定垃圾浓缩液的 UV_{254} 和 CN 指标时，保持溶液吸光度值不超过 0.7。若超过，则将垃圾浓缩液稀释一定倍数。

实验十一　芬顿法氧化去除垃圾渗滤液中难降解有机物实验

（实验学时：4 学时；编写人：陈炜鸣；编写单位：西南交通大学）

操作视频

一、实验目的

垃圾渗滤液是一种组成十分复杂的特种废水，主要含有高浓度的有机物、氨氮、无机盐和重金属离子等，采取有效的方法对此类废水进行高效处理是保证垃圾渗滤液处理工艺可靠运行和水环境安全的必要环节。

芬顿（Fenton）法是较常用的高级氧化法之一，是利用 Fenton 试剂［过氧化氢（H_2O_2）和亚铁离子（Fe^{2+}）-溶液］生成羟基自由基（$HO^{\bullet}$），在水溶液中与难降解有机物发生氧化反应使之结构破坏，最终氧化分解的技术方法。Fenton 法可有效处理如染料废水、含酚废水、医药废水、焦化废水以及垃圾渗滤液等难处理的有机废水，尤其在垃圾渗滤液处理领域运用广泛。

通过本实验预达到以下目的：

（1）了解 Fenton 法及其在垃圾渗滤液处理中的应用；

（2）掌握 Fenton 法降解垃圾渗滤液中难降解有机物的基本原理；

（3）了解 Fenton 法降解垃圾渗滤液中难降解有机物的主要影响因素；

（4）掌握 Fenton 法最佳的氧化条件，如 pH、Fe^{2+}和 H_2O_2 投量等。

二、实验原理

Fenton 法作用机理的研究有较长的历史。1934 年，Haber 等提出了 Fenton 试剂中活性组分是羟基自由基（$HO^{\bullet}$），其氧化还原电位高达 2.8 V，氧化能力仅次于氟。随后，学者对 Fenton 体系的反应机理作了深入的研究，如图 1 所示。

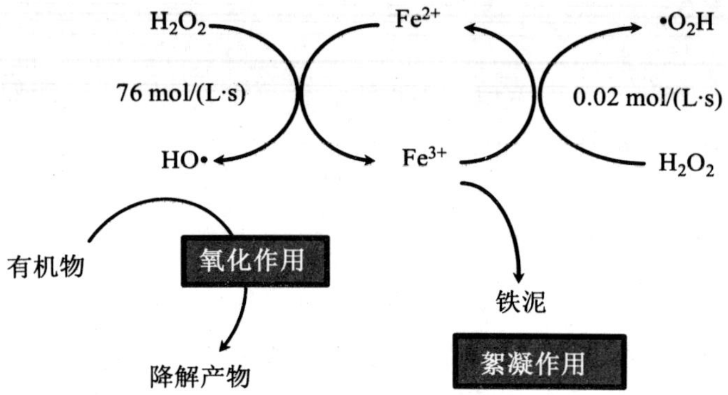

图 1 Fenton 法实验原理

大部分研究认为 Fenton 氧化处理垃圾渗滤液，一方面是通过 Fe^{2+}与 H_2O_2之间的反应生成具有高氧化还原电位的 $HO^{\bullet}$，以此来降解有机物；另一方面通过 $Fe(OH)_3$的絮凝作用对污染物沉淀去除。通常，Fenton 法处理垃圾渗滤液的实验步骤主要有 pH 调节、氧化反应、絮凝、沉淀 4 个阶段，其对有机化合物（RH）的氧化机理可通过链式反应进行［式（1）～式（9）］。

$$Fe^{2+}+H_2O_2 \longrightarrow Fe^{3+}+HO^{\bullet}+HO^{-} \quad (1)$$

$$Fe^{3+}+H_2O_2 \longrightarrow Fe^{2+}+HO_2^{\bullet}+H^{+} \quad (2)$$

$$Fe^{3+}+HO_2^{\bullet} \longrightarrow Fe^{2+}+O_2+H^{+} \quad (3)$$

$$HO^{\bullet}+H_2O_2 \longrightarrow H_2O+HO_2^{\bullet} \quad (4)$$

$$Fe^{2+}+HO_2^{\bullet} \longrightarrow Fe^{3+}+HO_2^{-} \quad (5)$$

$$Fe^{2+}+HO^{\bullet} \longrightarrow Fe^{3+}+HO^{-} \quad (6)$$

$$RH+HO^{\bullet} \longrightarrow H_2O+R^{\bullet} \quad (7)$$

$$Fe^{3+}+R^{\bullet} \longrightarrow Fe^{2+}+R^{+} \quad (8)$$

$$R^{+}+O_2 \longrightarrow ROO^{+} \longrightarrow \cdots \longrightarrow CO_2+H_2O \quad (9)$$

垃圾渗滤液处理前后的 pH、UV_{254}和 CN 等指标测定方法，以及垃圾渗滤液难降解有机物去除率的计算，均参照第四部分实验九相关内容。

三、仪器与材料

1. 实验仪器

（1）六联磁力搅拌器 1 台（或磁力搅拌器 6 台）；

（2）紫外-可见分光光度计 1 台；

（3）pH 计 1 台；

（4）电子天平 1 台；

（5）恒温干燥箱 1 台；

（6）烧杯、量筒、比色管、容量瓶、搅拌子、移液管、漏斗、试管架、漏斗架、滤纸和 0.45 μm 微孔滤膜等实验器材若干；

（7）手套、实验服和口罩等防护用品。

2．实验水样及试剂

垃圾渗滤液（膜生物反应器出水）、过氧化氢（H_2O_2，30%）、七水合硫酸亚铁（$FeSO_4\cdot 7H_2O$）、浓硫酸（H_2SO_4）、氢氧化钠（NaOH）。实验药剂均使用符合国家标准的分析纯试剂。

四、实验步骤

1．溶液配制

1）H_2O_2 溶液（1.0 mmol/mL）。移取 10.0 mL 30%过氧化氢到 100 mL 的容量瓶中，蒸馏水定容，摇匀备用。此时 H_2O_2 浓度约为 1.0 mmol/mL，现用现配。

2）$FeSO_4$ 溶液（1.0 mmol/mL）。称取 27.8 g $FeSO_4\cdot 7H_2O$ 溶解于少量蒸馏水中。为了防止硫酸亚铁水解生成氢氧化亚铁，边搅拌边加入 1.0 mL 的（1+5）H_2SO_4 溶液，混匀后转移至 100 mL 容量瓶中，蒸馏水定容，摇匀备用。此时 Fe^{2+} 浓度为 1.0 mmol/mL，现用现配。

3）H_2SO_4 溶液（1+5）。取 10 mL 的浓硫酸缓慢溶入 50 mL 的蒸馏水，摇匀备用。

4）NaOH 溶液（10%）。称取 10.0 g NaOH 溶解于少量蒸馏水，再转移至 100 mL 容量瓶中，蒸馏水定容，摇匀备用。

2．反应因素实验

（1）H_2O_2 浓度

1）分别量取垃圾渗滤液 100 mL，并放置于 6 个 250 mL 烧杯中；

2）采用 H_2SO_4 溶液和 NaOH 溶液调节垃圾渗滤液初始 pH 至 3.0±0.2；

3）向 6 个烧杯中分别加入固定预设量的 $FeSO_4$ 溶液，其投加量参考：0.1～5 mL，对应浓度为 1～50 mmol/L；

4）向 6 个烧杯中分别加入磁转子，启动磁力搅拌器，再依次加入预设浓度梯度的 H_2O_2 溶液，并立刻计时反应。其投加量参考：0.1～10 mL，对应浓度为 1～100 mmol/L。

（2）Fe^{2+}浓度

1）分别量取垃圾渗滤液 100 mL，并放置于 6 个 250 mL 烧杯中；

2）采用 H_2SO_4 溶液和 NaOH 溶液调节垃圾渗滤液初始 pH 至 3.0±0.2；

3）向 6 个烧杯中分别加入预设浓度梯度的 $FeSO_4$ 溶液，投加量参考：0.1～10 mL，对应浓度为 1～100 mmol/L；

4）向 6 个烧杯中分别加入搅拌子，启动磁力搅拌器，再加入固定预设量的 H_2O_2 溶液，其投加量参考：0.1～5 mL，对应浓度为 1～50 mmol/L，并立刻计时反应。

（3）pH

1）分别量取垃圾渗滤液 100 mL，并放置于 5 个 250 mL 烧杯中；

2）采用 H_2SO_4 溶液和 NaOH 溶液分别调节垃圾渗滤液初始 pH 至 3.0、5.0、7.0、9.0 和 11.0，pH 的允许调节范围为±0.2；

3）向 5 个烧杯中分别加入固定预设量的 $FeSO_4$ 溶液，投加量参考：0.1～10 mL，对应浓度为 1～100 mmol/L；

4）向 5 个烧杯中分别加入搅拌子，启动磁力搅拌器，再加入固定预设量的 H_2O_2 溶液，其投加量参考：0.1～10 mL，对应浓度为 1～100 mmol/L，并立刻计时反应。

（4）Fenton 试剂浓度

1）分别量取垃圾渗滤液 100 mL，并放置于 6 个 250 mL 烧杯中；

2）采用 H_2SO_4 溶液和 NaOH 溶液调节垃圾渗滤液初始 pH 至 3.0±0.2；

3）将烧杯置于磁力搅拌器上，加入搅拌子，向烧杯中依次加入预设浓度梯度的 Fenton 试剂（$n[Fe^{2+}]:n[H_2O_2]=1:1$），立即计时反应。其中，Fenton 试剂浓度指 Fe^{2+} 的摩尔浓度加上 H_2O_2 的摩尔浓度，参考：0.1～20 mL，对应浓度为 1～200 mmol/L；

4）向 6 个烧杯中分别加入搅拌子，启动磁力搅拌器，再加入固定预设量的，其投加量参考：0.1～5 mL，对应浓度为 1～50 mmol/L，并立刻计时反应。

3．样品处理及测试

1）待反应 20 min 后，用滤纸快速过滤处理后水样中的铁泥，并收集滤液（>70 mL）；

2）测量并记录滤液的 pH 后调节 pH 至 9.0±0.2，采用 0.45 μm 滤膜过滤，收集滤液（>50 mL）；

3）将水样放置在 50℃下恒温水浴锅中水浴加热 30 min，以去除残留在溶液中的 H_2O_2；

4）待水样冷却至室温后，根据处理前后水质情况，将垃圾渗滤液原水和经 Fenton 处理后出水稀释一定倍数，采用紫外-可见分光光度计对 UV_{254} 和 CN 等指标进行测试并记录。

五、数据记录与处理

1．原始数据记录和计算

（1）H_2O_2 浓度的影响

实验条件：H_2O_2 浓度为_______ mmol/L，Fe^{2+}浓度为______ mmol/L，pH 为______，*t* 为______ min。

测定后实验结果填入表 1。

表 1　H_2O_2浓度对 Fenton 法处理垃圾渗滤液的影响

指标		原水	H_2O_2浓度/（mmol/L）					
数据记录	pH							
	UV_{254}							
	A_{436}							
	A_{525}							
	A_{620}							
数据计算	CN							
	R（UV_{254}）	—						
	R（CN）	—						

注：UV_{254}、A_{436}、A_{525}、A_{620}和 CN 的单位为 cm^{-1}；R（UV_{254}）和 R（CN）的单位为%。

（2）Fe^{2+}浓度的影响

实验条件：Fe^{2+}浓度为______ mmol/L，H_2O_2浓度为______ mmol/L，pH 为______，t 为______min。

测定后实验结果填入表 2。

表 2　Fe^{2+}浓度对 Fenton 法处理垃圾渗滤液的影响

指标		原水	Fe^{2+}浓度/（mmol/L）					
数据记录	pH							
	UV_{254}							
	A_{436}							
	A_{525}							
	A_{620}							
数据计算	CN							
	R（UV_{254}）	—						
	R（CN）	—						

注：UV_{254}、A_{436}、A_{525}、A_{620}和 CN 的单位为 cm^{-1}；R（UV_{254}）和 R（CN）的单位为%。

（3）pH 的影响

实验条件：pH 为______，H_2O_2浓度为______mmol/L，Fe^{2+}浓度为______ mmol/L，

t 为______ min。

测定后实验结果填入表 3。

表 3 pH 对 Fenton 法处理垃圾渗滤液的影响

指标		原水	pH				
数据记录	pH						
	UV_{254}						
	A_{436}						
	A_{525}						
	A_{620}						
数据计算	CN						
	R（UV_{254}）	—					
	R（CN）	—					

注：UV_{254}、A_{436}、A_{525}、A_{620} 和 CN 的单位为 cm^{-1}；R（UV_{254}）和 R（CN）的单位为%。

（4）Fenton 试剂浓度的影响

实验条件：$n[Fe^{2+}]:n[H_2O_2]=1:1$，Fenton 试剂浓度为______ mmol/L，pH 为______，t 为______ min。

测定后实验结果填入表 4。

表 4 Fenton 试剂浓度对 Fenton 法处理垃圾渗滤液的影响

指标		原水	Fenton 浓度/（mmol/L）					
数据记录	pH							
	UV_{254}							
	A_{436}							
	A_{525}							
	A_{620}							
数据计算	CN							
	R（UV_{254}）	—						
	R（CN）	—						

注：UV_{254}、A_{436}、A_{525}、A_{620} 和 CN 的单位为 cm^{-1}；R（UV_{254}）和 R（CN）的单位为%。

2．去除率曲线的绘制

以不同影响因素为横坐标、各指标去除率为纵坐标，分别绘制 H_2O_2 浓度、Fe^{2+}浓度以及 pH 的去除率曲线，分析其变化规律，并探讨原因。

六、思考题

（1）影响 Fenton 反应的因素有哪些？

（2）Fenton 法在处理垃圾渗滤液时存在哪些不足？

（3）如何改进 Fenton 法？

七、注意事项

（1）在整个实验过程中，磁力搅拌速度尽量保持相同。

（2）H_2O_2 溶液和 $FeSO_4$ 溶液均现用现配。

（3）在调节 pH 过程中，尽量保持快速且准确。

（4）在采用紫外-分光光度计测定 UV_{254} 和 CN 指标时，保持溶液吸光度值不超过 0.7。若超过，则将垃圾渗滤液稀释一定倍数。

参考文献

[1] 上海市环境工程设计科学研究院，同济大学. 市容环境卫生术语标准：CJJ/T 65—2004[S]. 北京：中国建筑工业出版社，2004.

[2] 国家统计局. 中国统计年鉴[M]. 北京：中国统计出版社，2022.

[3] 金辉，葛健，王永堂. 城市生活垃圾焚烧发电技术的研究及应用[J]. 科技创新导报，2021（33）：18.

[4] 杨栩聪. 城市生活垃圾焚烧优化及低氮技术的数值模拟研究[D]. 广州：华南理工大学，2022.

[5] 王园园. 新时期生活垃圾资源化利用的有效方案[J]. 环境与发展，2019，31（5）：214-215.

[6] 尹玉晶. 城市生活垃圾处理技术现状与管理对策思考[J]. 清洗世界，2022，38（9）：190-192.

[7] 杨都. 城市生活垃圾资源化利用的环境经济影响动态模拟[D]. 石家庄：河北地质大学，2022.

[8] 龙吉生，阮涛. 生活垃圾焚烧发电厂热电联产碳减排效益分析[J]. 环境卫生工程，2023，31（4）：46-51.

[9] 董立波. 城市生活垃圾处置和利用技术分析[J]. 当代化工研究，2022（2）：60-62.

[10] 林雨霏. 垃圾填埋堆体组成分析及周边环境影响的研究[D]. 扬州：扬州大学，2023.

[11] 刘洪萍，杨志鸿. 湿法冶金——浸出技术（第 2 版）[M]. 北京：冶金工业出版社.

[12] 周绿山. 典型工业固体废物在酸碱介质中的反应过程与界面传质机理[D]. 绵阳：西南科技大学，2021.

[13] 嵇东，孙红. 农业废弃物资源化利用的现实意义与对策建议[J]. 农业开发与装备，2018（11）：70，77.

[14] 赵娜娜，滕婧杰，陈瑛. 中国农业废物管理现状及分析[J]. 世界环境，2018（4）：44-47.

[15] 高文慧，叶菁，刘朋虎，等. 农业废弃物生物质炭化技术及其应用进展[J]. 亚热带农业研究，2019，15（4）：279-284.

[16] 张鹏，何小松. 环境条件对渗滤液中溶解性有机物分子构型的影响[J]. 环境化学，2016，35：1500-1506.

[17] 芦会杰，刘欣艳，张馨月. 北京市某生活垃圾填埋场渗滤液及恶臭污染特性分析[J]. 环境影响评价，2022，44：48-52，58.

[18] J Meng，W Liao，G Zhang. Emerging CO_2-Mineralization Technologies for Co-Utilization of Industrial Solid Waste and Carbon Resources in China[J]. Minerals，2021，11（3）：274.

[19] W M Zheng，H J Sun，T J Peng，et al. Thermal process and mechanism of phase transition and detoxification of glass-ceramics from asbestos tailings[J]. Journal of Non-Crystalline Solids，2019，517：26-31.

[20] B Sabzezari，SMJ Koleini，S Ghassa，et al. Microwave-Leaching of Copper Smelting Dust for Cu and

Zn Extraction[J]. Materials，2019，12：1822.

[21] H Peng，J Guo，L Lv，et al. Recovery of chromium by calcium-roasting，sodium-roasting，acidic leaching，alkaline leaching and sub-molten technology：A review[J]. Environmental Chemistry Letters，2020，19（2）：1383-1393.

[22] He Pinjing，Liu Wanying，Qiu Junjie，et al. Improvement criteria for different advanced technologies towards bio-stabilized leachate based on molecular subcategories of DOM[J]. Journal of Hazardous Materials，2021，414：125463.

[23] Chen Weiming，Gu Zhepei，Ran Gang，et al. Application of membrane separation technology in the treatment of leachate in China：A review [J]. Waste Management，2021，121：127-140.

[24] Hübner Uwe，Von Gunten Urs，Jekel Martin. Evaluation of the persistence of transformation products from ozonation of trace organic compounds：A critical review[J]. Water Research，2015，68：150-170.

[25] 张旭. 北京市生活垃圾热值测定及计算模型评价[J]. 环境工程，2018，36（增刊）：567-572.

[26] 中国生态环境部. 土壤环境质量　农用地土壤污染风险管控标准（试行）：GB 15618—2018[S]. 北京：中国环境出版集团，2018.

[27] 卢光华，郭硕，夏春，等. 城市垃圾填埋场污染特性实例分析[J]. 中国资源综合利用，2022，40（8）：141-143.

[28] 崔萌，杨虹，卢志坤，等. 垃圾处理场所地下水污染监测方法研究——以北天堂简易垃圾填埋场为例[J]. 四川环境，2022，41（4）：225-231.

[29] 刘宗超，蔡兴，文田耀，等. 石墨消解仪-凯氏定氮法测定土壤中全氮量[J]. 化学分析计量，2022，31（12）：55-58.

[30] 刘德政. 基于原子吸收光谱的工业废水重金属含量测定方法研究[J]. 环境科学与管理，2019，44（3）：119-123.

[31] 刘鑫. 水质重金属测定中原子吸收光谱法的运用分析[J]. 山东工业技术，2019（8）：36.

[32] 中国环境监测总站. 水质　铜、锌、铅、镉的测定　原子吸收分光光度法：GB 7475—87[S]. 北京：中国标准出版社，1987.

[33] 中国环境监测总站. 水质　总磷的测定　钼酸铵分光光度法：GB 11893—89[S]. 北京：中国标准出版社，1989.

[34] 丘浚. 对钼酸铵分光光度法测定总磷的测定上限的讨论[J]. 广东化工，2021，48（10）：211-213.

[35] 李春芳，钟悦，蒙健娇，等. 水质总磷的测定——钼酸铵分光光度法中三种消解方法的比对分析[J]. 山东化工，2022，51（19）：139-143.

[36] 曲浩，姜守武，范晓平，等. 沿海某垃圾填埋场对环境的影响及治理对策[J]. 中国高新科技，2022（18）：103-105.

[37] 秦丹，张爱平，马玉洁，等. 一种用于实验室的污泥挤压脱水装置[P]．ZL202220236466.1，实用

新型，2022.06.10.

[38] 蒋志坚，王福军，杨叙军，等. 一种污泥挤压脱水试验机及其使用方法[P]. CN 103332848 B，发明专利，2015.03.11.

[39] 王昱璇，王红，卢平. 生物炭对重金属（Zn）的吸附特性及动力学[J]. 化工进展，2019，38（11）：5142-5150.

[40] 来雪慧，王芳丽，张玉薇，等. 水洗处理对秸秆生物质炭吸附解吸 Cd^{2+}和 Pb^{2+}的特性影响[J]. 土壤通报，2021，52（3）：686-694.

[41] Qin J，Chen Q，Sun M，et al. Pyrolysis temperature-induced changes in the catalytic characteristics of rice husk-derived biochar during 1,3-dichloropropene degradation. Chemical Engineering Journal，2017，330：804-812.

[42] 王荣忠. 农业固体废物生物炭的制备及其对水体中重金属和抗生素的去除[D]. 长沙：湖南大学，2020.

[43] 杨婷婷，黄艳艳，柳维扬，等. 三种改性小麦秸秆生物炭表征及其对 Cu^{2+}的吸附性能[J]. 农业工程学报，2023，39（8）：222-230

[44] 王兆龙，姚沛帆，张西华，等. 典型大宗工业固体废物产生现状分析及产生量预测[J]. 环境工程学报，2022，16（3）：746-751.

[45] 李先海，程伟，韦世琪，等. 贵州某煤矸石矿物学特征及胶凝活性激发研究[J]. 非金属矿，2021，44（6）：1-4.

[46] 郛俊，高文华，张宗堂，等. 煤矸石路基填料强度与变形特性研究[J]. 铁道科学与工程学报，2021，18（4）：885-891.

[47] 王习东，林翎，何光明. 煤矸石综合利用技术及检测方法[M]. 北京：科学出版社，2015.

[48] 中国建筑科学研究院. 混凝土物理学性能试验方法标准：GB/T 50081—2019[S]. 北京：中国建筑工业出版社，2019

[49] 赵鸣宇. 粉煤灰制备陶粒支撑剂过程中重金属元素迁移转化规律研究[D]. 南京：东南大学，2022.

[50] 张鹏，余宏，李乃录，等. 粉煤灰优化破碎矸石充填材料承载压缩力学特性试验研究[J]. 矿业研究与开发，2022，42（3）：89-93.

[51] 曾丽，孙红娟，彭同江. 石棉尾矿制备高纯轻质氧化镁[J]. 成都大学学报（自然科学版），2017，36（1）：111-114.

[52] 宋超，耿权，师华. 一种磨细粉煤灰的新型检测方法[J]. 粉煤灰，2016，28（5）：1-3.

[53] 康栋，杨志杰，张德. 粉煤灰中提取非晶态硅及硅产物的高值化利用[J]. 矿产综合利用，2022（4）：162-168，174.

[54] Xu Ren，Peixin Tang，Bo Hou，et al. Evaluating the degradation of Rhodamine B using a sequential batch three-dimensional electrode reactor[J]. Journal of Environmental Chemical Engineering，

2023（11）：109475.

[55] Xu Ren，Kai Song，Qiaoyun Zhang，et al. Performance of a Three-Dimensional Electrochemical Reactor（3DER） on Bisphenol A Degradation[J]. Frontiers in chemistry，2022，831：960003.

[56] 刘婧妍，李宁，朱栩楷，等. 催化剂负载纳米零价铁活化过一硫酸盐降解诺氟沙星[J]. 环境科学学报，2023，43（10）：47-61.

[57] 张崇淼，刘淑瑞，郑婷婷，等. 钢渣粒子电极的制备及其在三维电催化氧化除藻中的应用[J]. 环境工程学报，2020，14（5）：1146-1153.

[58] 尹述伟，高博，陈向明. 钢渣催化剂处理难降解有机废水[J]. 环境工程学报，2016，10（4）：1853-1856.

[59] 王昭阳，齐晶瑶，王博，等. 钢渣粒子电极三维电催化法处理模拟印染废水[J]. 哈尔滨工业大学学报，2015，47（8）：38-42.

[60] 孙丰宾，杨旭东，李璠，等. 氢氧化钴/催化剂活化过氧乙酸降解水中抗生素[J]. 工业水处理，2023（7）：1-18.

[61] 陈炜鸣，辜哲培，何晨，等. 垃圾渗滤液浓缩液中溶解性有机物在热活化过硫酸盐体系的转化特性[J]. 环境科学学报，2023，5：1-9.

[62] 胡叶亮，喻敏英，俞国军. 臭氧预氧化在废水处理中的研究进展[J]. 能源与节能，2017，144：118-119，131.

[63] 唐国卿. 臭氧高级氧化应用于垃圾渗滤液 NF 浓缩液工程中总氮的去除的案例[J]. 环境与发展，2017，29：79-80，82.

[64] Hübner Uwe，Von Gunten Urs，Jekel Martin. Evaluation of the persistence of transformation products from ozonation of trace organic compounds-A critical review [J]. Water Research，2015，68：150-170.

[65] Sonntag Clemens. Chemistry of Ozone in Water and Wastewater Treatment：From Basic Principles to Applications [M]. Water Intelligence Online，2012.

[66] Chen Weiming，Gu Zhepei，Wen Peng，et al. Degradation of refractory organic contaminants in membrane concentrates from landfill leachate by a combined coagulation-ozonation process [J]. Chemosphere，2019，217：411-422.

[67] 邓禹南，陈炜鸣，罗梓尹，等. MnO_2 催化 O_3 处理准好氧矿化垃圾床渗滤液尾水中难降解有机物[J]. 中国环境科学，2018，38：4130-4140.

[68] Chen Weiming，Zhang Aiping，Gu Zhepei，et al. Enhanced degradation of refractory organics in concentrated landfill leachate by Fe^0/H_2O_2 coupled with microwave irradiation [J]. Chemical Engineering Journal，2018，354：680-691.

[69] 闫喜凤，周友华，徐洁. 垃圾填埋场渗滤液典型处理工艺对比研究[J]. 环境科学与管理，2022，47：82-86，127.

[70] 王向如，吴丽萍，黄国鲜，等. Fenton 法处理垃圾渗滤液研究进展[J]. 环境工程技术学报，2021，11：942-950.

[71] 童健，李儒静. 论芬顿工艺在工业废水处理中的应用[J]. 低碳世界，2021，11：54-55.

[72] Wu Chuanwei，Chen Weiming，Gu Zhepei，et al. A review of the characteristics of Fenton and ozonation systems in landfill leachate treatment[J]. Science of the Total Environment，2021，762：143131.

[73] 吴俊业. 芬顿高级氧化工艺在垃圾渗滤液处理中的应用[J]. 环境与发展，2019，31：106，110.

[74] Liu Yong，Zhao Yang，Wang Jianlong. Fenton/Fenton-like processes with in-situ production of hydrogen peroxide/hydroxyl radical for degradation of emerging contaminants：Advances and prospects[J]. Journal of Hazardous Materials，2021，404：124191.

[75] 周明建，乐俊超，魏梦琪，等. 垃圾渗滤液处理过程中溶解性有机物变化特征[J]. 环境科学与技术，2020，43：126-131.

[76] 张爱平，陈炜鸣，李启彬，等. MW-Fe^0/H_2O_2 体系预处理垃圾渗滤液浓缩液有机物[J]. 中国环境科学，2018，38：2144-2156.

[77] Chen Weiming，Zhang Aiping，Gu Zhepei，et al. Enhanced degradation of refractory organics in concentrated landfill leachate by Fe^0/H_2O_2 coupled with microwave irradiation [J]. Chemical Engineering Journal，2018，354：680-691.

第五部分

虚拟仿真实验

5.1 虚拟仿真实验资源

5.1.1 虚拟仿真实验概述

虚拟仿真实验是指借助多媒体、仿真和虚拟现实（又称 VR）等技术在计算机上营造可辅助、部分替代甚至全部替代传统实验各操作环节的相关软件、硬件操作环境，实验者可以像在真实的环境中完成各种实验项目。虚拟实验的实现将有效缓解很多高校在经费、场地、器材等方面普遍面临的困难和压力，而且开展网上虚拟实验教学能够突破传统实验对“时、空”的限制，无论是学生还是教师，都可以自由、无顾虑地随时随地上网进入虚拟实验室，操作仪器，进行各种实验，有助于提高实验教学质量。

虚拟仿真实验建设最早可见 2010 年教育部发布的《国家中长期教育改革和发展规划纲要（2010—2020 年）》，纲要中提到引进国际优质数字化教学资源，建立数字图书馆和虚拟实验室。2012 年发布的《教育信息化十年发展规划（2011—2020 年）》中提到，建设实验系统、虚拟试验等，遴选开发 1 500 套虚拟仿真实训实验系统。2013 年发布的《关于开展国家级虚拟仿真实验教学中心建设工作的通知》首次提到要遴选 300 个国家虚拟仿真实验教学中心。2017 年教育部发布的《教育部办公厅关于 2017—2020 年开展示范性虚拟仿真实验教学项目建设的通知》，提到统筹规划到 2020 年认定 1 000 项左右示范性虚拟仿真实验教学项目，分专业限额，明确认定和执行虚拟仿真实验教学项目。2018 年和 2019 年分学科类别限额申报。随后两年教育部及国务院办公厅也发布相关的行动计划、工作通知及加快推进教育现代化的实施方案。2019 年教育部出台了关于一流本科课程建设的实施意见，提出 2019—2021 年，完成 1 500 门左右国家虚拟仿真实验教学一流课程认定工作。这里将 2017 年提到虚拟仿真实验教学项目统一纳入虚拟仿真一流课程的范畴。2021 年 4 月教育部发布的关于开展第二批国家级一流本科课程认定工作的通知，就是第二批一流课程的启动。

虚拟仿真实验建设的总体要求是“高阶性”“创新性”“挑战度”能实不虚，重点解决真实实验项目条件不具备或实际运行困难，涉及高危或极端环境，高成本、高消耗、不可逆操作、大型综合训练等问题。通过现代信息技术与实验教学项目的深度融合，拓展实验教学内容的广度和深度，延伸实验教学时间和空间、提升实验教学质量和水平。通过虚拟仿真实验教学可以让学生在高仿真环境下，既保证安全又能高效地开展教、学和练，不仅节省了大量时间和经费，避免实际操作过程中可能出现的危险，还有效提高学生的实践动手能力和创新能力。

5.1.2 固体废物相关虚拟仿真实验

目前，固体废物处理与处置虚拟仿真实验资源主要集中在焚烧处理（如垃圾焚烧发电资源化利用技术虚拟仿真实验、生活垃圾蓝色焚烧处理虚拟仿真实验等）、生物处理（如有机固体废物好氧堆肥虚拟仿真实验、有机固体废物厌氧发酵 3D 仿真实训）、特种废物处理（团队自建省级虚拟仿真一流课程：危险废物处理处置虚拟仿真实验）及废物管理（团队自建省级虚拟仿真一流课程：生活垃圾填埋场运行管理虚拟仿真实验）等。从实验类型来看，固体废物处理与处置虚拟仿真实验以综合设计型、研究探索型实验为主。

据不完全统计，当前可共享的虚拟仿真实验项目具体见表 5-1。从方向上看，其中 8 项来源环境类专业，另有 4 项在来源经济类、管理类、化学与制药类和土木类；从虚拟仿真项目的实验内容上看，其中 9 项与固体废物处理与处置课程内容一致，完全符合这门专业课的培养目标，“危险固体废物资源循环利用管理仿真实验”属于经济类，在实验内容设计上偏经济类和管理类，主要是进行单区域回收者-管理者博弈模拟和多区域回收者-管理者博弈模拟的教学，但是其资源循环利用参数认知与设定的内容也是可满足固体废物资源化内容的实践教学目标的。编者团队自建的“危险废物全生命周期处理与处置虚拟仿真实验”是针对特种废物的全过程实训，包括危险废物的分类收集、贮存转运、方案制定、处理处置以及废物的资源化利用等；“生活垃圾填埋场运行管理虚拟仿真实验”是对生活垃圾填埋场运行管理的仿真实训，包括生物反应器填埋场规划、设计、日常运行管理以及环境质量监测和评价等。

表 5-1 可共享的虚拟仿真实验教学项目

序号	名称	级别	建设单位	负责人	申请方向	对应专业	项目组成
1	垃圾焚烧发电资源化利用技术虚拟仿真实验	国家级	南开大学	展思辉	环境科学与工程类	环境工程	安全技术测试、垃圾分类技术测试、实操与模拟实验（①3D展示工艺流程与设备部件；②学术设置参数完成实操；③学术自主设计模拟实验）
2	生活垃圾蓝色焚烧处理虚拟仿真实验	国家级	浙江工商大学	龙於洋	环境科学与工程类	环境工程	垃圾进厂、垃圾分选、焚烧炉启动控制、烟气净化、渗滤液处理、毒理学检验
3	生活垃圾收运与焚烧处置	省级	兰州大学	李忠国	环境科学与工程类	环境科学与工程	垃圾分类、垃圾收运、垃圾焚烧、烟气净化余热利用、渗滤液处置

序号	名称	级别	建设单位	负责人	申请方向	对应专业	项目组成
4	生活垃圾焚烧发电工艺及污染控制系统仿真	省级	南昌航空大学	邱贤华	环境科学与工程类	环境工程	垃圾进料及焚烧炉系统、渗滤液处理系统、气体污染物处理系统
5	餐厨垃圾厌氧发酵虚拟仿真实验	省级	浙江工商大学	陈婷	环境科学与工程类	环境工程	认识实习、生产实习和生产工段深度学习等。餐厨垃圾厌氧发酵系统中工艺环节的组合训练
6	有机固体废物好氧堆肥虚拟仿真实验	省级	哈尔滨工业大学（深圳）	李朝林	自然保护与环境生态类	农业资源与环境	3D 模拟系统、堆肥工艺系统、好氧堆肥仿真计算系统、资源化利用系统、实验考评系统
7	有机固体废物厌氧发酵 3D 仿真实训	省级	吉林师范大学	腾洪辉	环境科学与工程类	环境工程	①认知模块：厌氧发酵原理与工艺流程、设备部件组成；②指导操作模块：常规实验操作、异常应急操作；③自主设计模块：设定目标、自主设定发酵参数、完成实验任务
8	城市生活垃圾管理虚拟仿真实验	国家级	兰州大学	李忠国	管理类	城市管理	生活垃圾分类实验、生活垃圾收运实验、生活垃圾焚烧及烟气净化、生活垃圾焚烧余热回收、垃圾渗滤液处理
9	生活垃圾填埋场运行管理虚拟仿真实验	省级	成都理工大学	钟敏	环境科学与工程类	环境科学与工程	生活垃圾填埋场运行管理的仿真实训包括：①生物反应器填埋场规划、设计；②日常运行管理以及环境质量监测和评价等
10	固体废物资源循环利用管理仿真实验	省级	南昌大学	田西	经济类	资源与环境经济学	资源循环利用参数认知与设定，单一管理者博弈模拟，多区域回收者-管理者博弈模拟
11	危险废物全生命周期处理处置虚拟仿真实验	省级	西南交通大学	王东梅	环境科学与工程类	环境科学与工程	从危险废物收集、贮存转运、方案制定到处理处置全过程的仿真操作及资源化利用拓展
12	深地质地下高放射性废物处置虚拟仿真实验教学项目	省级	华东理工大学	梁海安	土木类	城市地下空间工程	深地质地下高放射性废物处置库选址、规划设计、施工、运行、高放废物预处理

5.2 实验内容

本书编写的虚拟仿真实验共 2 项，分别为：

实验一　危险废物全生命周期处理与处置虚拟仿真实验

实验二　生活垃圾填埋场运行管理虚拟仿真实验

实验一　危险废物全生命周期处理与处置虚拟仿真实验

（实验学时：2 学时；编写人：王东梅，龚正君，李启彬，张胜利，刘建；
编写单位：西南交通大学）

一、实验目的

危险废物是固体废物中最难处理的一类，对生态环境有着严重的潜在影响，全球各个国家都非常重视危险废物的处理处置。鉴于危险废物的危险性，涉及处理方法的特殊性，在当前的实验课程中难以实现线下的实操实验。为此结合信息新技术构建虚拟仿真实验环境，可全方位实现从危险废物产生的源头、集中贮存安全转运到处理处置涉及的所有环节的实验探究。

通过本实验预达到以下目的：

（1）掌握危险废物从源头产生分类收集、集中贮存安全转运到处置中心处理处置全生命周期的过程管理、工艺流程和关键知识能力；

（2）了解危险废物主要的预处理与处置技术，掌握不同实验参数对焚烧配伍、物化处理及固化稳定化效果的影响规律，具备对不同类别危险废物匹配合理处理处置方案的能力；

（3）了解危险废物减污降碳协同处置的关键因素和减污降碳的效果评价，培养学生“双碳”战略下减污降碳协同增效的理念以及系统性地分析和解决实际工程问题的创新实践能力。

二、实验原理

1．全生命周期处理处置

危险废物的产生、收集、贮存、运输、利用、处理、处置全过程按照《中华人民共和国固体废物污染环境防治法》相关规定进行管理。依据《国家危险废物名录（2021 年版）》，对危险废物产生的主要场景的危险废物进行分类收集；并学习危险废物豁免清单及豁免条件。依据《危险废物收集贮存运输技术规范》（HJ 2025—2012）和《危险废物转移管理办法》进行危险废物收集、贮存、运输。

2．含废酸碱及重金属的废液处理

含酸碱、重金属废液成分复杂、含量波动大，主要污染物为 pH、COD 和重金属离子，一般采用“氧化还原+中和+化学沉淀+絮凝沉淀”的预处理工艺。含铬废液一般需向废水中加入还原剂，将 Cr^{6+}还原成 Cr^{3+}，再进入后续工艺。含锌废液存在形态与 pH 有关，在 pH 大于 10 时，主要以 ZnO_2^{2-}形式存在，当 pH 在 8～10 时，主要以 $Zn(OH)_2$形式存在，因而优先对 pH 调控然后进入后续工艺。多种重金属离子（包括 Cr^{3+}、Zn^{2+}、Ni^{2+}、Cu^{2+}等）共存时，由于某些重金属离子的氢氧化物溶解积较大，仅投加碱很难使所有重金属离子都得到有效地去除，而一般重金属硫化物溶度积比氢氧化物的溶度积小得多，因此可辅以硫化法配合去除废水中碱法难以处理的重金属离子。

在二级反应罐内投加絮凝剂（聚合氯化铝、聚丙烯酰胺）进行絮凝反应，进一步去除废水中的悬浮物，经板框压滤机脱水后无机污泥经包装预处理后进行填埋处置，压滤液进入三效蒸发系统。通过三效蒸发使废水中的盐以晶体的形式析出，蒸发冷凝水返回焚烧系统急冷塔用水。

主要反应方程式如下：

$$2Cr_2O_7^{2-}+3S_2O_5^{2-}+10H^+ = 4Cr^{3+}+6SO_4^{2-}+5H_2O$$

$$Cr^{3+}+3OH^- = Cr(OH)_3\downarrow$$

$$Me^{n+}+nOH^- = Me(OH)_n\downarrow$$

$$2\,Me^{n+}+nS^{2-} = Me_2S_n\downarrow$$

3．危险废物固化稳定化处理

固化的原理为借由固化剂的化学特性，使有害废弃物形成紧密性、具有低渗透性及高抗压强度的固体。在飞灰的固化方法中，以水泥固化重金属最为普遍。由于水泥的 pH 约为 12，含有大量的碱度，故可使重金属离子形成活性低且不溶性的氢氧化物，并能使飞灰中重金属的氢氧沉淀物吸附及粘结。此外，水泥会与水产生水化作用生成胶体铝酸钙水合物，随着水化作用持续进行，胶体外会长出细密的纤毛，纤毛伸入水泥颗粒间形成网状的结构，将氢氧化钙及水合结晶副产物固定在网中，使水泥凝固成坚固的固化体。

以纯水为浸提剂，模拟固体废物在特定场合中受到地表水或地下水的浸沥，其中的有害组分浸出而进入环境的过程。通过对浸出液中的有害成分进行分析，并与浸出毒性标准对比，超出《危险废物鉴别标准　浸出毒性鉴别》（GB 5085.3—2007）的为危险废物。

4．危险废物焚烧处理

对某些特殊形态焚烧类的危险废物进行预处理时，处理后打包经叉车转运到焚烧车间危险废物储料坑或暂存库内贮存，再由焚烧车间进行配伍焚烧。危险废物经预处理后进入焚烧车间，分别通过进料系统（抓斗、桶装上料、废液喷枪）送入回转窑在850～1 000℃焚烧，产生的烟气在二燃室1 100℃以上高温焚烧（停留时间大于2 s），在余热锅炉降温至 550℃（在余热锅炉 900～1 050℃温度段喷入尿素溶液以脱出烟气中的氮氧化物），在急冷塔急冷降温至200℃（1 s 内），再依次进入干法系统、布袋除尘器、湿法脱酸塔、烟气加热器处理达标后经烟囱排放。焚烧处理过程中飞灰的主要来源有余热锅炉的飞灰、急冷塔的飞灰、干法脱酸塔的飞灰、布袋除尘器的飞灰。余热锅炉、急冷塔、干法脱酸塔和布袋除尘器飞灰收集到吨袋，定期运输到填埋场经填埋废物包装预处理后进行安全填埋。

5. 危险废物安全填埋处置

入场废物进行检查，检查内容包括废物含水率、物料形态、包装形式及包装物完好程度等。符合填埋物料要求和包装要求的，直接进入填埋场填埋；不符合要求的送预处理车间。对含水率高的废物进行脱水处理，保证入场填埋废物的含水率不高于 80%，为确保进入填埋场内废物的酸碱度不至于过高，配料机将根据不同批次废物酸碱度情况进行混合配料。填埋采取分区填埋方式，单格填满后即进行单个封场覆盖。

6. 危险废物减污降碳协同处理

生态环境部、国家发展改革委等部门联合发布的《国家危险废物名录（2021年版）》提出在环境风险可控的前提下，根据省级生态环境部门确定的方案，实行危险废物“点对点”定向利用。危险废物资源化综合利用的方向包括：

（1）将含重金属污泥的危险废物进行熔炼，得到安全可利用物；

（2）对废酸和废碱进行综合利用；

（3）对乳化液和废矿物油、废有机溶剂展开综合利用；

（4）从含有重金属的废液或线路板内提取重金属物质；

（5）高热值的危险废物作为替代燃料回收热能等。

在危险废物综合利用过程中开展减污降碳协同处理成为未来一个重要的方向。油基岩屑具有一定的热值可替代部分煤炭燃料，而其碳元素含量显著低于煤炭，利用燃煤锅炉进行协同处置具备一定的降碳潜力。

三、仪器与材料

1. 计算机硬件配置及网络需求（最低）

中央处理器：Intel® Core™ i5-7400-3.0GHz-4 核 4 线程；

内存：8 GB；

硬盘空间：100 GB；

图形处理器：NVIDIA® GeForce® GTX 960；

显存：2 GB 及以上；

显示器：16∶9，分辨率 1 280×720 及以上；

网络带宽：10 Mbps；

操作系统：Windows 10；

浏览器推荐使用谷歌（Google Chrome）浏览器 55.0 以上版本、火狐（Firefox）浏览器 50.0 以上版本。

2．共享免费开放网址

https://vlab.swjtu.edu.cn/cms/index_.html?siteId=3。

四、实验步骤

（1）输入共享免费开放网址进入虚拟仿真实验网页，观看实验简介视频、操作引导视频、阅读实验相关要求后进入实验。

（2）了解实验的整体任务，完成本地区从危险废物源头到最终处置的所有任务从任务首页分别进入五大环节：环节一危险废物分类收集、环节二集中贮存安全转运、环节三处理处置方案制定、环节四处置中心处理处置和环节五减污降碳拓展模块进行实验任务。

（3）进入任务一：危险废物分类收集，完成四类危险废物产生区域（包括社区居民生活、高校科研机构、医疗卫生机构和工业园区企业）的危险废物产生、分类依据认知及对给定危险废物的分类收集任务。

（4）进入任务二：集中贮存安全转运，完成危险废物贮存设施的认知、危险废物转运规定与要求、合同签订与危险废物外运和危险废物进厂与分类入库任务。

（5）进入任务三：处理处置方案制定，完成处置方案制定原则认知任务、处理处置方法认知任务，并针对不同危险废物完成危险废物的预处理以及处置方案的制定任务。

（6）进入任务四：处置中心处理处置，完成危险废物焚烧预处理、焚烧配伍方案制定、危险废物焚烧处理、含重金属废酸碱液物化处理、含氰废液物化处理、废乳化液物化处理、固化与稳定化预处理、危险废物安全填埋任务。

（7）进入任务五：减污降碳协同拓展，完成危险废物资源化综合利用的主要途径，危险废物减污降碳协同处理的背景认知，根据任务要求完成油基岩屑燃煤锅炉协同处置的污染物减排、碳减排的仿真计算。

五、数据记录与处理

（1）在固化稳定化步骤中自主进行固化/稳定化单因素实验操作和分析练习。要求其他参数固定，改变水泥添加比例，模拟计算得到的固化物品的浸出浓度，并根据模拟结果作出曲线图，分析水泥添加比例对混合物料重金属浸出浓度的影响规律。

（2）在焚烧配伍步骤中自主进行配伍实验操作和分析练习。要求配伍参数值，模拟计算得到符合要求的配伍物料，并根据模拟结果作出曲线图，分析配伍参数对混合物料各指标的影响规律。

（3）完成危险废物减污降碳协同拓展模块中危险废物资源化认知以及油基岩屑燃煤锅炉协同处置的污染物减排、碳减排的仿真计算。

六、思考题

（1）危险废物固化/稳定化的主要方法有哪些？

（2）危险废物焚烧前进行焚烧配伍的原因和原则是什么？

（3）简述危险废物资源化利用的方向。

七、注意事项

（1）背景音可通过音乐菜单调整音量大小，全程请佩戴耳机，如未佩戴耳机请关闭音乐；

（2）按照虚拟仿真实验的引导完成所有环节任务；

（3）环节任务中会有穿插的问题，请谨慎作答，第一次选择的计入成绩；

（4）实验过程中有3处需截图留存放入实验报告，分别是焚烧配伍、固化/稳定化和碳排放结果；

（5）所有任务完成后，点击提交，等待老师批阅；

（6）若需后台统一导出成绩，可通过虚拟仿真实验平台联系方式联系我们，提前将学生信息导入。

实验二 生活垃圾填埋场运行管理虚拟仿真实验

（实验学时：8学时；编写人：钟敏，韩智勇，史瑞，黄币娟，廖兵；
编写单位：成都理工大学）

一、实验目的

生活垃圾填埋场的运行周期长、隐蔽工程结构多，通过虚拟仿真实验平台，可让学生在短时间内直观地参与填埋场工程的设计、运行、管理全过程，打破传统实验教学的局限性。本实验以生物反应器填埋场设计、调控处理技术及场地污染环境影响评价实践操作为目的，为学生提供复杂环境污染问题的现实工程案例，通过理论学习、填埋场设计、生物反应器参数调控、二次污染调查、样品采集与分析、环境影响评价等虚拟仿真环节，提升学生综合运用固体废物资源化与处理处置、环境分析与监测、环境修复工程等课程的专业基础知识，解决复杂环境工程问题的能力。

通过本实验预达到以下目的：

（1）通过仿真模块学习，掌握生物反应器填埋场规划、设计、工艺参数筛选和日常运行管理过程，有效培养学生的专业技术和集成创新意识工程实践能力；

（2）熟悉并掌握填埋场环境质量监测和评价的基本内容，能够科学、准确地识别复杂环境工程中的环境问题和环境影响，并能进行深入分析；

（3）了解工程相关环境法律、法规，具备在设计、开发、解决复杂环境工程方案时，能考虑社会、健康、安全、法律、文化以及环境等因素，并结合工程实际需求实现方案优化的能力。

二、实验原理

生活垃圾进入卫生填埋场后，经过初始调整阶段、过渡阶段、酸化阶段、甲烷发酵阶段和成熟阶段等不同阶段逐步达到稳定化。在达到稳定化过程中，由于水解细菌、产氢产乙酸菌、产甲烷细菌等微生物的生物降解作用，生活垃圾中的生物可降解有机组分会经过一系列生化反应，由大分子物质逐步分解为小分子物质，并在填埋堆体内部产生渗滤液和填埋气体。通过标准的工程设计建设和规范的填埋作业工艺，实现对渗滤液和填埋气体的二次污染防控和达标排放。

根据填埋场潜在污染物在场地土壤/地下水中的迁移、转化特征，设置对照区、污染识别监测区和污染控制区等采样区域，并划分采样单元；结合监测指标特性，合理选取样品采集和存储方法。根据污染物浓度，在地下水和土壤中的迁移特征，以及对受体的影响途径，对土壤/地下水开展初步的风险评估。

三、仪器与材料

1. 计算机硬件配置及网络需求

中央处理器：Intel® Core™ i5-7400-3.0GHz-4 核 4 线程；

内存：8 GB；

硬盘空间：10 GB；

图形处理器：NVIDIA® GeForce® GTX 960；

显存：8 GB 及以上；

显示器：16∶9，分辨率 1 280×720 及以上；

网络带宽：10 Mbps；

操作系统：Windows 10；

浏览器推荐使用谷歌（Google Chrome）浏览器 55.0 以上版本、火狐（Firefox）浏览器 50.0 以上版本。

微软自带浏览器 Microsoft Edge。

2. 有效链接网址

http://202.115.133.235/index.php/Home/Course/Course_stu/cid/172.html（校外人员可通过“评审专家一键登录”进入学习平台）。

四、实验步骤与内容

1. 实验认知部分

点击进入实验板块，完成对整个虚拟仿真实验目的、实验内容、实验原理和实验要求的学习。

2. 填埋场设计部分

（1）进入填埋场基础资料学习模块，完成对虚拟仿真实验所选填埋场地理位置、地形地貌、气象水文、地层岩性和地质构造等基础资料的学习。

（2）点击下一步进入总平面设计模块，在模块中通过简介和视频熟悉虚拟仿真实验所选填埋场不同时期总平面设计和分区布局情况。

（3）完成后点击进入填埋场结构设计模块，根据填埋场基础资料和填埋场设计相关的技术标准规范，按照提示，依次完成填埋场地下水导排系统设计、防渗系统设计、渗滤收集导排系统设计、填埋气体导排设计、封场系统设计、渗滤液处理设计和填埋气体收集利用设计等部分内容的学习，并完成相应系统设计过程中出现的相关题目。

（4）点击进入填埋场操作流程模块，按照提示依次进场地磅、填埋区、渗滤液处理站和填埋气体利用中心，结合现场视频深入学习填埋场日常工艺的操作流程和主要工序。

（5）完成填埋场操作流程模块学习后，点击进入填埋场稳定化模块，按照提示结合动态演示，强化对填埋场稳定化过程的学习和认知。

3．填埋场环境监测部分

（1）在对填埋场的工艺分布、运行模式以及所在区域的地形地貌、水文地质特征、土地利用方式、污染无扩散迁移特征等因素进行综合评估后，确定场地边界范围，设置对照区、污染识别监测区、污染扩散区等采样区域并划分采样单元。

（2）综合考虑土壤和地下水污染特征，根据《建设用地土壤污染状况调查技术导则》（HJ 25.1—2019）和《建设用地土壤污染风险管控和修复监测技术导则》（HJ 25.2—2019）要求，在每个采样单元进行布点采样，系统会根据正误给出相应指示。

（3）点击采样模块，以选择题方式完成土壤 45 项、地下水 39 项必测污染物项目采样、储存和运输。

（4）学习实验室分析操作模块，强化各类样品的实验室分析检测。

（5）根据检测结果，分析场地污染物种类、浓度水平和空间分布，进行场地初步风险评估。

4．选址符合性分析部分

在完成填埋场环境监测部分学习后，点击进入选址符合性分析部分，结合填埋场基础资料和填埋场结构设计涉及的内容，按提示依次完成对填埋场实际选址情况与相关技术标准规范之间的符合性分析。

5．过程反馈部分

在完成之前所有内容的学习后，系统自动生成生活垃圾填埋场运行管理虚拟仿真实验报告单，学生可结合报告单中各部分的考核成绩，加强对考核得分较低部分的相关知识学习和巩固。

五、实验结果要求

（1）按照填埋场设计技术规范标准，在实验过程中确定填埋场各主要系统结构的关键设计参数。

（2）准确识别填埋场填埋工艺的主要环节，能够针对填埋场实际情况，选择合理的渗滤液处理工艺组合和填埋气体处理工艺组合。

（3）按照环境监测技术规范标准，在实验过程中准确设置针对填埋场环境管理的监测计划。

（4）在虚拟仿真实验过程中需要按照提示，完成相关选择题、主观分析题等考核题目的作答，确保按要求完成相关内容之后，再提交最后生成的实验报告单。

六、注意事项

（1）每位学生须单独登录个人学生账号进入生活垃圾填埋场运行管理虚拟仿真实验，完成各自的实验后形成各自的实验报告。

（2）在进入虚拟仿真实验前以及实验过程中，需要注意加强对填埋场设计、运行及环境监测相关技术标准规范的学习和使用。

（3）通过“专家评审一键登录”方式进入操作系统学习者，仅本人可见自己成绩，若需后台统一导出成绩，可通过虚拟仿真，实验平台联系方式联系我们，实验前将学生信息导入。